Mario Maïr Cohen

Equations différentielles avec transformées de Laplace

Mario Maïr Cohen

Equations différentielles avec transformées de Laplace

Théorie des solutions

Presses Académiques Francophones

Impressum / Mentions légales
Bibliografische Information der Deutschen Nationalbibliothek: Die Deutsche Nationalbibliothek verzeichnet diese Publikation in der Deutschen Nationalbibliografie; detaillierte bibliografische Daten sind im Internet über http://dnb.d-nb.de abrufbar.
Alle in diesem Buch genannten Marken und Produktnamen unterliegen warenzeichen-, marken- oder patentrechtlichem Schutz bzw. sind Warenzeichen oder eingetragene Warenzeichen der jeweiligen Inhaber. Die Wiedergabe von Marken, Produktnamen, Gebrauchsnamen, Handelsnamen, Warenbezeichnungen u.s.w. in diesem Werk berechtigt auch ohne besondere Kennzeichnung nicht zu der Annahme, dass solche Namen im Sinne der Warenzeichen- und Markenschutzgesetzgebung als frei zu betrachten wären und daher von jedermann benutzt werden dürften.

Information bibliographique publiée par la Deutsche Nationalbibliothek: La Deutsche Nationalbibliothek inscrit cette publication à la Deutsche Nationalbibliografie; des données bibliographiques détaillées sont disponibles sur internet à l'adresse http://dnb.d-nb.de.
Toutes marques et noms de produits mentionnés dans ce livre demeurent sous la protection des marques, des marques déposées et des brevets, et sont des marques ou des marques déposées de leurs détenteurs respectifs. L'utilisation des marques, noms de produits, noms communs, noms commerciaux, descriptions de produits, etc, même sans qu'ils soient mentionnés de façon particulière dans ce livre ne signifie en aucune façon que ces noms peuvent être utilisés sans restriction à l'égard de la législation pour la protection des marques et des marques déposées et pourraient donc être utilisés par quiconque.

Coverbild / Photo de couverture: www.ingimage.com

Verlag / Editeur:
Presses Académiques Francophones
ist ein Imprint der / est une marque déposée de
AV Akademikerverlag GmbH & Co. KG
Heinrich-Böcking-Str. 6-8, 66121 Saarbrücken, Deutschland / Allemagne
Email: info@presses-academiques.com

Herstellung: siehe letzte Seite /
Impression: voir la dernière page
ISBN: 978-3-8381-7694-9

Théorie des équations différentielles ordinaires avec transformées de Laplace.

Du même auteur

Cours nombres complexes isométries et similitudes du Plan. 2011

3

Mario Maïr COHEN

Théorie des équations différentielles ordinaires avec transformées de Laplace.

SOMMAIRE.

6

Avant-propos.

Ce livre s'adresse à un lectorat universitaire qui se sert des Mathématiques comme outil de service, pour acquérir dans leur spécialisation des méthodes de résolution de différents types d'équations différentielles. La matière qu'il couvre peut donc aussi bien servir comme un cours de premier cycle pour les étudiants des facultés des sciences. Il peut être aussi un cours d'appoint pour la préparation aux examens des étudiants d'ingénierie qui utilisent les équations différentielles dans leurs travaux.

Pour réussir ce cours, le lecteur doit avoir complété auparavant un cours complet de calcul différentiel et intégral à une et deux variables. Nous recommandons comme stratégie pédagogique, trois heures de leçon en magistral par semaine avec des nombreux exemples, pour permettre aux étudiants de bien assimiler la théorie et les techniques présentées.

J'ai constaté que la plupart des livres traitant du même sujet, n'incluent pas les preuves des théorèmes et des propriétés des transformées de Laplace. Le lecteur sera donc satisfait dans ce sens, car il trouvera la majorité des démonstrations de l'ensemble des énoncées qui sont formulés dans le texte.

Il faut prévoir à l'horaire des séances hebdomadaires de travaux pratiques, pour travailler des exercices supplémentaires ou éclaircir des notions vues au cours. A cette cadence, le cours peut être complété dans 90 heures-6 crédits-. Nous sommes aussi d'avis qu'une calculatrice TI ou un logiciel comme Maple peut être d'une grande aide pour ce cours.

La première partie comprend les chapitres I à IV et couvre les concepts théoriques et méthodes de résolutions des équations différentielles. Equations différentielles du premier ordre : E.D.P.O linéaire, facteur intégrant, équation de Bernoulli. E.D.P.O à variables séparables, exactes, résolution par changement de variable, équation non exacte et facteur intégrant. Équations différentielles linéaires du second ordre à coefficients constants. Équations homogènes, polynôme caractéristique et solution générale ou complémentaire. Concepts théoriques, théorème d'existence et d'unicité, conditions initiales, le Wronskien des solutions et ensemble fondamental des solutions indépendantes. Équations non homogènes, solution particulière. Méthode des coefficients indéterminés et de variation de paramètres. Équation d'Euler du second ordre, résolution . Equations différentielles linéaires d'ordre supérieur à coefficients constants, théorie des solutions. Équations homogènes et solution complémentaire. Équations non homogènes, coefficients indéterminés et variations des paramètres avec formule du Wronskien.

La deuxième partie correspond au chapitre V et introduit les transformées de Laplace en équations différentielles. Définition, propriétés et théorème sur la transformée de Laplace de la dérivée d'ordre n d'une fonction. Transformées inverse de Laplace, propriétés, table. Technique de recherche : identification, complétion des carrés et décomposition en fractions partielles. Inverse d'un produit des transformées de Laplace et théorème de convolution.

Résolution par la transformée de Laplace d'un grand nombre d'équations différentielles comprenant comme fonction d'appui g(t) de l'équation non homogène, l'une ou plusieurs de fonctions suivantes :

Fonction définie par morceaux et représentable en termes de fonctions Heaviside.

Fonction périodique et fonction impulsion représentable par des fonctions delta de Dirac. Relation entre fonction delta de Dirac et fonction Heaviside.

Cas où g(t) est inconnue.

Application à la résolution d'équations différentielles à coefficients non constants.

Résolution d'un système d'équations différentielles.

Chapitre I. Equations différentielles linéaires du premier ordre (EDLPO).

A)Equations différentielles linéaires du premier ordre.

Une équation différentielle linéaire du premier ordre est une relation entre une fonction $y(x)$ et sa dérivée $y'(x)$ de la forme

$$y'(x) + p(x)y = q(x) \quad (1).$$

Les fonctions sont des fonctions continues de la variable x.

Exemple .

$2y' + .5x^2 y = 3$ est linéaire car elle peut se mettre de la forme $y' + .25x^2 y = 1.5$. tout comme $y' + x\sqrt{2}y = -1$. Par contre 2y'+(3xy-1)y=4x n'est pas linéaire parce que p(x) est aussi fonction de y.

Nous cherchons une solution de (1), c'est à dire une fonction

$$y = y(x)$$

qui vérifie cette équation.

Pour résoudre une EDLPO nous devons tout d'abord la mettre sous la forme :

$$y'(x) + p(x)y = q(x).$$

Assumons qu'il existe une fonction $u(x)$, à déterminer et appelée facteur intégrant de l'équation. En multipliant tous les termes de l'équation par $u(x)$:

$$u(x)y'(x) + u(x)p(x)y = u(x)q(x)$$

11

Si nous choisissons u(x) telle que :

$$u(x)p(x) = u'(x).$$

l'équation se réécrit alors :

$u(x)y' + u'(x)y = u(x)q(x)$ ou ce qui est équivalent à $(u(x)y)' = u(x)q(x)$. (2)

comme nous avons restreint u(x) à vérifier u(x)p(x)=u'(x).

$p(x)=\dfrac{u'(x)}{u(x)}$ et $\ln(u(x)) = \int p(x)dx$ et donc $u(x)=e^{\int p(x)dx} + k$.

On peut prendre k=0 car on cherche une solution pour u(x), le facteur intégrant

de l'équation est alors $e^{\int p(x)dx}$. Reprenons maintenant l'équation (2) :

$(u(x)\,y(x))' = u(x)\,q(x)$ entaîne $(e^{\int p(x)dx}y(x))'=e^{\int p(x)dx}q(x)$.

Si $(e^{\int p(x)dx}y(x))'=e^{\int p(x)dx}q(x)$ donc $e^{\int p(x)dx}y(x)=\int e^{\int p(x)dx}q(x) + c$.

et $y(x) = e^{\int -p(x)dx}(\int e^{\int p(x)dx}q(x))+ce^{\int -p(x)dx}$ (3).

Cependant même si (3) donne la formule de la solution générale d'une EDLPO, il est plus facile d'appliquer la procédure de résolution pour trouver la solution d'une EDLPO.

Voici comment appliquer cette procédure.

Ecrire EDLPO sous la forme (1)

$$y'(x) + p(x)y = q(x)$$

Trouver le facteur intégrant $u(x)=e^{\int p(x)dx}$.

Multiplier les deux membres de l'équation par ce facteur et vérifier que le premier membre est égal à $(e^{\int p(x)dx}y(x))'$.

Intégrer ensuite les deux membres de l'équation.

Isoler y(x) de l'expression obtenue en n'oubliant pas la constante d'intégration.

12

Nous allons montrer dans le prochain paragraphe des exemples variés de résolution d'une EDLPO.

B) Exemples de Résolution

Exemple 1 : Trouver la solution générale de l'EDLPO.

$y'(x) - 2xy(x) = x$ en identifiant avec (1) $y'(x) + p(x)y(x) = q(x)$
on a:
$p(x) = -2x$ $q(x) = x$ qui sont des fonctions continues.
le facteur intégrant est $e^{\int -2xdx} = e^{-x^2}$.
Multiplions les deux membres de l'équation par ce facteur, on obtient:
$e^{-x^2}y'(x) - e^{-x^2}2xy(x) = e^{-x^2}x$, ou $(e^{-x^2}y(x))' = e^{-x^2}x$.

$e^{-x^2}y(x) = \int e^{-x^2}xdx = -\frac{1}{2}e^{-x^2} + c$ donc la solution cherchée est

$y(x) = -\frac{1}{2} + ce^{x^2}$

Exemple 2 : Trouver la solution générale de l'EDLPO.

$\frac{dy}{dx} + \frac{4}{x}y(x) = x^4$ $x \geq 1$. Cette équation est de la forme (1) avec

$p(x) = \frac{4}{x}$ $x \neq 0$ $q(x) = x^4$ qui sont des fonctions continues sur

$[1,\infty$. Le facteur intégrant est :

$u(x) = e^{\int \frac{4}{x}dx} = e^{4\ln(x)} = e^{\ln(x^4)} = x^4$.

Donc après mutiplication par ce facteur, l'équation devient:

$x^4\frac{dy}{dx} + 4x^3y(x) = x^8$ d'où $(x^4y(x))' = x^8$ $donc$ $x^4y(x) = \frac{x^9}{9} + c$

$y(x) = \frac{x^5}{9} + cx^{-4}$ est la solution générale de l'EDLPO.

Exemple 3 : Trouver la solution générale de l'EDLPO.

$y'(x) + y(x) = \sin(x)$ vérifiant les conditions initiales y(0)=1.

Vous vous êtes aperçu que l'équation est de la forme voulue, son facteur intégrant est

$u(x)=e^{\int p(x)dx} = e^{\int 1dx} = e^{x}$, après multiplication de tous le termes de l'équation par ce facteur, nous obtenons.

$e^{x} y'(x) + e^{x} y(x) = e^{x} \sin(x)$ ce qui est équivalent à $(e^{x} y(x))' = e^{x} \sin(x)$.

$e^{x} y(x) = \int e^{x} \sin(x)$. En intégrant par partie $\int e^{x} \sin(x)dx$

$$\int e^{x} \sin(x)dx = [e^{x} \sin(x) - \int e^{x} \cos(x)dx + c]$$

$$\int e^{x} \sin(x)dx = [e^{x} \sin(x) - (e^{x} \cos(x) + \int e^{x} \sin(x)dx + k) + c]$$

$$2\int e^{x} \sin(x)dx = e^{x} \sin(x) - e^{x} \cos(x) + c - k$$

donc $\int e^{x} \sin(x)dx = e^{x} \frac{1}{2}\sin(x) - e^{x} \frac{1}{2}\cos(x) + \frac{1}{2}(c-k)$.

On déduit alors que

$e^{x} y(x) = e^{x} \frac{1}{2}\sin(x) - e^{x} \frac{1}{2}\cos(x) + \frac{1}{2}(c-k)$ et $y(x) = \frac{1}{2}\sin(x) - \frac{1}{2}\cos(x) + \frac{1}{2}(c-k)e^{-x}$.

Si on pose $K = \frac{1}{2}(c-k)$ alors : $y(x) = \frac{1}{2}\sin(x) - \frac{1}{2}\cos(x) + Ke^{-x}$. Notons que K est une constante, égale à la différence de deux constantes.

Déterminons maintenant, la valeur de K pour que la condition initiale y(0)=1 s'applique.

On a y(0)=1 donc $1 = \frac{1}{2}\sin(0) - \frac{1}{2}\cos(0) + Ke^{-0} \rightarrow K = \frac{3}{2}$. *La* solution de l'EDLPO

vérifiant la condition initiale donnée est donc : $y(x) = \frac{1}{2}\sin(x) - \frac{1}{2}\cos(x) + \frac{3}{2}e^{-x}$

Exemple 4 : Trouver la solution générale de l'EDLPO.

$xy'(x) + 2y(x) = x^2 - x + 1 \ x > 0$. Réécrivons cette équation sous la forme

$$y'(x) + \frac{2}{x} y(x) = x - 1 + \frac{1}{x} \quad x > 0. \ u(x) = e^{\int \frac{2}{x} dx} = e^{\ln(x^2)} = x^2.$$

Multiplions comme cela, est maintenant devenu une habitude, les deux membres de l'équation par x^2.

$x^2 y'(x) + 2xy(x) = x^3 - x^2 + x$ ce qui entraîne

$(x^2 y(x))' = x^3 - x^2 + x$ et donc :

$$x^2 y(x) = \frac{x^4}{4} - \frac{x^3}{3} + \frac{x^2}{2} + c \quad \text{ou} \quad y(x) = \frac{x^2}{4} - \frac{x}{3} + \frac{1}{2} + \frac{c}{x^2}$$

La solution générale de l'EDLPO est donnée par

$$y(x) = \frac{x^2}{4} - \frac{x}{3} + \frac{1}{2} + \frac{c}{x^2}.$$

Exemple 5 : Trouver la solution générale de l'EDLPO

$xy'(x) - 2y(x) = x^5 \sin(2x) - x^3 + 4x^4$ qui vérifie la condition initiale

$y(\pi) = \dfrac{3}{2}\pi^4 \ x > 0$.

$y'(x) - \dfrac{2}{x}y(x) = x^4 \sin(2x) - x^2 + 4x^3 \quad u(x) = e^{\int -\frac{2}{x}dx} = e^{-2\ln(x)} = e^{\ln(\frac{1}{x^2})}$

$u(x) = \dfrac{1}{x^2}$ donc $\dfrac{1}{x^2}y'(x) - \dfrac{2}{x^3}y(x) = \dfrac{1}{x^2}(x^4 \sin(2x) - x^2 + 4x^3)$ et

$(\dfrac{1}{x^2}y(x))' = x^2 \sin(2x) - 1 + 4x$.

D'où $\dfrac{1}{x^2}y(x) = \int x^2 \sin(2x)dx - x + 2x^2 + c.$

Nous laissons le soin au lecteur de vérifier, que l'intégrale par partie de $\int x^2 \sin(2x)dx$ est égale à :

$$\int x^2 \sin(2x)dx = -\dfrac{1}{2}x^2 \cos(2x) + \dfrac{1}{2}x \sin(2x) + \dfrac{1}{4}\cos(2x).$$

On déduit dond que :

$\dfrac{1}{x^2}y(x) = -\dfrac{1}{2}x^2 \cos(2x) + \dfrac{1}{2}x \sin(2x) + \dfrac{1}{4}\cos(2x) - x + 2x^2 + c.$

et $y(x) = -\dfrac{1}{2}x^4 \cos(2x) + \dfrac{1}{2}x^3 \sin(2x) + \dfrac{1}{4}x^2 \cos(2x) - x^3 + 2x^4 + cx^2.$

$y(x)$ est la solution générale de cette EDLPO. Il reste à déterminer

comment s'écrit celle qui correspond à la condition initiale $y(\pi) = \dfrac{3}{2}\pi^4$

si $y(\pi) = \dfrac{3}{2}\pi^4 \Rightarrow \dfrac{3}{2}\pi^4 = -\dfrac{1}{2}\pi^4.1 + \dfrac{1}{2}.0 + \dfrac{1}{4}\pi^2.1 - \pi^3 + 2\pi^4 + c\pi^2.$

Après simplification: $\pi^3 - \dfrac{\pi^2}{4} = c\pi^2 donc \ c = \pi - \dfrac{1}{4}$

La solution particulière de l'équation, pour la condition initiale
de l'hypothèse est :

$y(x) = -\dfrac{1}{2}x^4 \cos(2x) + \dfrac{1}{2}x^3 \sin(2x) + \dfrac{1}{2}x^2 \cos(2x) - x^3 + 2x^4 + (\pi - \dfrac{1}{4})x^2$

B) Equation de Bernoulli. Une équation de Bernoulli est de la forme :

$y'(x) + p(x)y(x) = q(x)y^n$ (1). n est un nombre réel et p(x) et q(x) sont des fonctions continues de x.

En divisant les deux membres de cette équation par y^n on obtient :

$y^{-n}(x)y'(x) + p(x)y^{(1-n)}(x) = q(x)$ (2)

c'est la forme d'équation employée, pour la résolution des équations de Bernoulli.

Le changement de variable $v(x) = y^{(1-n)}$ transforme cette dernière équation en une EDLPO en $v(x)$.

Examinons comment s'opére cette transformation.

Si $n=0$ l'équation (1) se réduit à la forme linéaire $y'(x) + p(x)y(x) = q(x)$.

pour n=1 on a $y'(x) + p(x)y(x) = q(x)y(x)$ que l'on peut réécrire

$y'(x) + (p(x) - q(x))y(x) = 0$.

Ces deux cas donnent des EDLPO. Pour les autres valeurs de n posons une nouvelle variable $v(x) = y^{(1-n)}$. donc $v'(x) = (1-n)y^{-n}y'(x)$ ou

$y^{-n}y'(x) = \dfrac{v'(x)}{(1-n)}$.

En substituant les valeurs obtenues dans l'équation de Bernoulli donnée par (2)

$y^{-n}(x)y(x) + p(x)y^{(1-n)}(x) = q(x)$ nous obtenons:

$\dfrac{v'(x)}{(1-n)} + p(x)v(x) = q(x)$ ce qui est équivalent à

$v'(x) + (1-n)p(x)v(x) = (1-n)q(x)$

Cette dernière équation est une EDLPO en $v(x)$ avec $P(x) = (1-n)p(x)$ et $Q(x) = (1-n)q(x)$; dont nous pouvons trouver la solution comme une EDLPO.

En remplaçant ensuite dans la solution ainsi obtenue la valeur de $v(x)$ par $y^{(1-n)}$ nous obtenons alors la solution générale de l'équation de Bernoulli.

17

C) Exemples de résolution des équations de Bernoulli.

Exemple 1 : Résoudre léquation différentielle suivante

$$y(x) + \frac{4}{x} y(x) = x^3 y^2 \quad x > 0.$$

C'est une équation de Bernoulli avec n=2. Mettons la sous la forme (2)

$$y'(x) y^{-2}(x) + \frac{4}{x} y^{-1}(x) = x^3 \; posons \; v(x) = y^{-1}(x) \; \text{alors}$$

$$v'(x) = -1 y^{-2}(x) y'(x)$$

$$-v'(x) = y^{-2}(x) y'(x). \text{Remplaçons ces valeurs dans l'équation du problème:}$$

$$-v'(x) + \frac{4}{x} v(x) = x^3 \; \text{et} \; v'(x) - \frac{4}{x} v(x) = -x^3, \text{le facteur intégrant est donc:}$$

$$u(x) = e^{-4\ln(x)} = e^{\ln(\frac{1}{x^4})} = \frac{1}{x^4} \quad donc \quad \frac{1}{x^4} v'(x) - \frac{4}{x^5} v(x) = -\frac{1}{x} \quad et$$

$$(\frac{1}{x^4} v(x))' = -\frac{1}{x}.$$

Intégrons les deux membres de l'équation , $(\frac{1}{x^4} v(x))' = -\frac{1}{x}$ et

isolons ensuite $v(x)$:

Nous obtenons $\frac{1}{x^4} v(x) = -\ln(x) + c$ d'où $v(x) = -x^4 \ln(x) + cx^4$.

comme $v(x) = y^{-1}(x)$ alors $y^{-1}(x) = -x^4 \ln(x) + cx^4$. On déduit que

$$y(x) = \frac{1}{x^4(c - \ln(x))} \; \text{est la solution de l'équation de Bernoulli.}$$

Exemple 2. : Résoudre léquation différentielle suivante

$y'(x) - 5y(x) = e^{-2x}y^{-2}$ satisfaisant la condition initiale y(0)=2

Equation de Bernouilli avec n=-2

$y'(x) - 5y(x) = e^{-2x}y^{-2}$ ou bien $y^2(x)y'(x) - 5y^3(x) = e^{-2x}$

$Si \; v(x) = y^3(x) \; v'(x) = 3y^2(x)y'(x)$, en substituant ces valeurs
dans l'équation, cela donne:

$y^2(x)y'(x) - 5y^3(x) = e^{-2x}$ donc $\dfrac{v'(x)}{3} - 5v(x) = e^{-2x}$

$3\dfrac{v'(x)}{3} - 15v(x) = 3e^{-2x}$ ou ce qui est équivalent $v'(x) - 15v(x) = 3e^{-2x}$.

Facteur intégrant $u(x) = e^{-15x}$ et donc on obtient en multipliant par $u(x)$
tous les termes de l'équation $e^{-15x}v'(x) - e^{-15x}15v(x)) = 3e^{-17x}$.

Ceci est équivalent à ($e^{-15x}(v(x))' = 3e^{-17x}$

donc $e^{-15x}v(x) = -\dfrac{3}{17}e^{-17x}$+c, ce qui donne $v(x) = -\dfrac{3}{17}e^{-2x} + ce^{15x}$.

Si $v(x) = y^3(x)$ alors $y^3(x) = -\dfrac{3}{17}e^{-2x} + ce^{15x}$.

Par la condition initiale, y(0)=2 on a donc

8=$-\dfrac{3}{17}e^{-0} + ce^0 \rightarrow c = \dfrac{139}{17}$. On conclue que la solution avec

condition initiale y(0)=2 est :

$y^3(x) = -\dfrac{3}{17}e^{-2x} + \dfrac{139}{17}e^{15x}$ ou $y(x) = (-\dfrac{3}{17}e^{-2x} + \dfrac{139}{17}e^{15x})^{\frac{1}{3}}$.

Exemple 3.Résoudre léquation différentielle suivante et trouver le domaine de validité de la solution qui vérifie y(1)=0

$y'(x) + \dfrac{y(x)}{x} - \sqrt{y(x)} = 0$ Ecrivons l'équation comme $y'(x) + \dfrac{y(x)}{x} = y^{\frac{1}{2}}(x)$

On reconnaît l'équation de Bernouilli avec n=$\dfrac{1}{2}$.

Divisons ensuite tous les termes par

$y^{\frac{1}{2}}(x)$ ce qui donne $y^{-\frac{1}{2}}(x)y'(x) + \dfrac{y^{\frac{1}{2}}(x)}{x} = 1$

Si $v(x) = y^{\frac{1}{2}}(x)$ *alors* $v'(x) = \dfrac{1}{2}y^{-\frac{1}{2}}(x)y'(x)$ et une fois que l'on

remplace ces valeurs dans :

$y^{-\frac{1}{2}}(x)y'(x) + \dfrac{y^{\frac{1}{2}}(x)}{x} = 1$ on a $2v'(x) + \dfrac{1}{x}v(x) = 1$ ou $v'(x) + \dfrac{1}{2x}v(x) = \dfrac{1}{2}$

Maintenant résolvons l'EDLPO : $v'(x) + \dfrac{1}{2x}v(x) = \dfrac{1}{2}$.

Le facteur intégrant de cette équation est $u(x) = x^{\frac{1}{2}}$, si on multiplie

les termes de l'équation par $x^{\frac{1}{2}}$,

$x^{\frac{1}{2}}v'(x) + \dfrac{1}{2\,x^{\frac{1}{2}}}(x) = \dfrac{1}{2}x^{\frac{1}{2}}$ ou ce qui est équivalent $(x^{\frac{1}{2}}v(x))' = \dfrac{1}{2}x^{\frac{1}{2}}$.

Intégrons les deux membres de cette égalité

$x^{\frac{1}{2}}v(x) = \dfrac{1}{2}.\dfrac{2}{3}x^{\frac{3}{2}} + c$. Donc $v(x) = \dfrac{x}{3} + cx^{-\frac{1}{2}}$ et

$y^{\frac{1}{2}}(x) = \dfrac{x}{3} + cx^{-\frac{1}{2}}$ ou $y(x) = (\dfrac{x}{3} + \dfrac{c}{x^{\frac{1}{2}}})^2$ est la solution générale.

Pour trouver la solution qui correspond à $y(1) = 0$
nous devons déterminer la valeur la constante c en utilisant
la condition initiale.

On a $0 = \dfrac{1}{3} + c$ donc $c = -\dfrac{1}{3}$.

La solution cherchée est

$y(x) = (\dfrac{x}{3} - \dfrac{1}{3x^{\frac{1}{2}}})^2 = (\dfrac{x^{\frac{3}{2}} - 1}{3x^{\frac{1}{2}}})^2 = \dfrac{x^3 - 2x^{\frac{3}{2}} + 1}{9x}$

D'autre part cette solution est définie pour $9x \neq 0$ et $x^{\frac{1}{2}} > 0$.

L'intervalle de validité de la solution est donc $]0,\infty[$.

Exercices de fin de chapitre I.

Equations différentielles linéaires du premier ordre.
Trouver la solution générale y(x) de chacune des EDLPO suivantes.
Montrer les détails de la démarche.

1) $\dfrac{dy}{dx} + 2\dfrac{y}{x} = 0$

2) $y' + y = e^{x}$

3) $y' - x^{2} y = 0$

4) $y' - \dfrac{3}{x^{2}} y = \dfrac{1}{x^{2}}$

5) $y' - 7 y = e^{-x}$

2) Trouver la solution générale y(x) de chacune des équations de Bernoulli suivantes. Montrer les détails de la démarche.

1) $y' + y = y^{2} e^{x}$

2) $y' + y = y^{-2}$ avec condition initiale y(0)=-1

3) $xy' + y = xy^{3}$

4) $y' + xy = xy^{2}$

5) $y' - \dfrac{3}{x} y = x^{4} y^{\frac{1}{3}}$ $x > 0$

Chapitre II. Equations différentielles du premier ordre non linéaire. (EDNLPO)

Nous avons étudié au chapitre précédent comment résoudre une équation différentielle linéaire du premier ordre. Nous allons consacrer ce chapitre à l'étude de l'équation différentielle du premier ordre non linéaire. Une équation différentielle non linéaire du premier degré est de laforme :

$M(x,y)dx + N(x,y)dy = 0$ (1) avec $M(x,y)$ et $N(x,y)$ des fonctions continues de x et y dans un ouvert de $\mathbb{R}^2$.

La question qu'on se pose c'est de savoir si on peut trouver des solutions pour ces équations. Analysons de plus près l'expression $h(x,y) = c$, avec $h(x,y)$ une fonction continue en x et y et possédant des derivées partielles

$h_x(x,y) = \dfrac{\partial f}{\partial x}$ et $h_y(x,y) = \dfrac{\partial f}{\partial y}$ continues sur un ensemble ouvert de $\mathbb{R}^2$.

Par la théorie de derivées des fonctions à deux variables on sait que:

1) $\dfrac{d}{dx}h(x,y) = \dfrac{\partial h(x,y)}{\partial x} + \dfrac{\partial h(x,y)}{\partial y}\dfrac{dy}{dx} = 0$ donc $\dfrac{\partial h(x,y)}{\partial x}dx + \dfrac{\partial h(x,y)}{\partial y}dy = 0$.

2) $\dfrac{\partial^2 h(x,y)}{dxdy} = \dfrac{\partial^2 h(x,y)}{dydx}$

On voit par la première propriété que $h(x,y) = c$ est la solution d'une équation de la forme (1). Si $\dfrac{\partial h(x,y)}{\partial x} = M(x,y)$ et $\dfrac{\partial h(x,y)}{\partial y} = N(x,y)$.

En fait une telle solution existe pour beaucoup d'équations différentielles non linéaires du premier ordre de la forme (1). Nous allons montrer dans ce chapitre, comment résoudre les différents types de ces équations différentielles.

A)Equationsàvariablesséparables.

Une équation différentielle du premier dégré est à variables séparables
si elle est de la forme:

$M(x)dx + N(y)dy = 0$ (1) qui peut se ramener aussi à $N(y)dy = -M(x)dx$ (2)

$M(x)$ et $N(y)$ sont des fonctions uniquement, de x et y. Aprés intégration de (2)
nous obtenons une solution implicite y(x) de la forme $h(x, y) = c$ que l'on peut
parfois, résoudre pour trouver explicitement y(x), bien que cela ne soit pas tout
le temps possible.

Il faut tenir compte du domaine de validité de x pour lequel la solution est définie.
On ne peut pas présenter de solution y(x) avec des divisions par zéro, des racines
carrées ou des logarithmes négatifs, ainsi que des nombres complexes.

Exemple 1. Trouver la solution de l'équation différentielle $\dfrac{dy}{dx} - 6y^2x = 0$ satisfaisant

la condition initiale y(1)=$\dfrac{1}{25}$ et préciser le domaine de validité de l'équation.

C'est une équation à variables séparables du premier ordre

$y(x) = 0$ est solution si $y(x) \neq 0$, divisons par $y^2(x)$ pour réécrire cette équation
comme :

$y^{-2}dy = 6xdx$. Intégrons les deux membres $\int y^{-2}dy = \int 6xdx$ ou $-\dfrac{1}{y} = 3x^2 + c$

donc y=$-\dfrac{1}{3x^2 + c}$.

Trouvons maintenant la constante c en se servant de la condition initiale

y(1)=$\dfrac{1}{25}$, comme y=$-\dfrac{1}{3x^2 + c}$ donc $\dfrac{1}{25} = -\dfrac{1}{3.1 + c}$ ce qui donne c=-28.

La solution est y(x)=$\dfrac{1}{28 - 3x^2}$ $avec$ 28-3$x^2 \neq 0$ $x \neq \pm\sqrt{\dfrac{28}{3}}$.

Le domaine de validité de x pour la condition initiale de ce problème est

l'intervalle contenant $x = 1$, c'est à dire $]-\sqrt{\dfrac{28}{3}}, \sqrt{\dfrac{28}{3}}[$.

Exemple 2. Résoudre l'équation différentielle.

$y' = \dfrac{3x^2 + 4x - 4}{2y - 4}$. Avec condition initiale y(1)=3. Préciser aussi le domaine de validité

de l'équation.

Cette équation est à variables séparables car elle est équivalente à l'équation:

$(2y-4)dy = (3x^2 + 4x - 4)dx$ donc $\int (2y-4)dy = \int (3x^2 + 4x - 4)dx$.

Par intégration : $y^2 - 4y = x^3 + 2x^2 - 4x + c$. Comme y(1)=3 on obtient :

$9 - 12 = 1 + 2(1) - 4(1) + c$

d'où c=-2.

La solution est donc $y^2 - 4y = x^3 + 2x^2 - 4x - 2$.

Cette expression est une solution implicite de y(x). On peut cependant, dans ce cas

trouver y(x) explicitement en notant que $y^2 - 4y - x^3 - 2x^2 + 4x + 2 = 0$ est quadra

tique est admet pour racines:

$y(x) = \dfrac{4 \pm \sqrt{16 + 4(x^3 + 2x^2 - 4x - 2)}}{2}$ ce qui donne après simplification

$y(x) = 2 \pm \sqrt{x^3 + 2x^2 - 4x + 2}$.

On trouve donc deux solutions possibles. Celle qui correspond y(1)=3 se déduit en

appliquant la condition initiale puisque $3 = 2 \pm \sqrt{1 + 2 - 4 + 2} = 2 \pm \sqrt{1}$.

La bonne solution est donc celle qui inclue le signe + devant le radical donc, cette

solution est $y(x) = 2 + \sqrt{x^3 + 2x^2 - 4x - 2}$ avec $x^3 + 2x^2 - 4x - 2 > 0$.

Exemple 3 trouver la solution et le domaine de validité de l'équation

$y' = \dfrac{xy^3}{\sqrt{1+x^2}}$ avec condition initiale y(0)=-1

Faisons apparaître la séparation des variables $y^{-3}dy = \dfrac{x}{\sqrt{1+x^2}}dx$ donc $\int y^{-3}dy = \int \dfrac{x}{\sqrt{1+x^2}}dx$

ce qui donne $-\dfrac{1}{2y^2} = \int x(1+x^2)^{-\frac{1}{2}} + c$ ou $-\dfrac{1}{2y^2} = \sqrt{1+x^2} + c$ d'où $y^2 = -\dfrac{1}{2(\sqrt{1+x^2}+c)}$.

Puisque y(0)=-1 on a $1 = -\dfrac{1}{2(\sqrt{1}+c)}$ c' est à dire $c = -\dfrac{3}{2}$, la solution cherchée satisfaisant

la condition initiale est de la forme $y^2 = \dfrac{1}{2(\dfrac{3}{2}-\sqrt{1+x^2})}$ ou $y = \pm\sqrt{\dfrac{1}{(3-2\sqrt{1+x^2})}}$

comme y(0)=-1 on vérifie que $-1 = \pm\sqrt{\dfrac{1}{3-2\sqrt{1})}}$. On doit donc retenir la solution avec le signe

"-" devant le radical.

La solution est donc y(x)=$-\dfrac{1}{\sqrt{(3-2\sqrt{1+x^2})}}$. Son domaine de validité est

$(3-2\sqrt{1+x^2}) > 0$ $3 > 2\sqrt{1+x^2}$ donc $\dfrac{9}{4} > 1+x^2$ ou $x^2 < \dfrac{5}{4}$.

Cette inéquation du second dégré a pour solution $x \in]-\dfrac{\sqrt{5}}{2}, \dfrac{\sqrt{5}}{2}[$.

Cet intervalle est le domaine de validité de l'équation pour la valeur
initiale donnée.

Exemple 4.Trouver la solution de l'équation différentielle et préciser le domaine
de validité de l'équation.

$y'=e^{-y}(2x-4)$. Faisons apparaître la séparation des variables $e^y dy = (2x-4)dx$
et donc $\int e^y dy = \int (2x-4)dx$. *Par* intégration $e^y = x^2 - 4x + c$ d'où

$y = \ln(x^2-4x+c)$ est la solution de l'équation avec domaine de validité
$x^2 - 4x + c > 0$.

Exemple 5. Trouver la solution de l'équation différentielle $\dfrac{dy}{dt} = \dfrac{y^2}{t}$ avec condition initiale

$y(1)=2$. $t>0$.

Opérons la séparation de variables $y^{-2}dy = \dfrac{dt}{t}$ on déduit que $\int y^{-2}dy = \int \dfrac{dt}{t}$.

Par intégration $-\dfrac{1}{y} = \ln(t) + c$ ou $y = -\dfrac{1}{\ln(t) + c}$ est la solution générale.

Trouvons maintenant, celle qui satisfait la condition de l'hypothèse *on* a

$2 = -\dfrac{1}{\ln(1) + c}$ donc c$=-\dfrac{1}{2}$. La solution cherchée est donc $y(x) = -\dfrac{2}{2\ln(t) - 1}$.

Son domaine de validité est $2\ln(t) \neq 1$ qui est équivalent à $t \neq e^{\frac{1}{2}}$.

B) Equations différentielles exactes du premier ordre.

La deuxième classe d'équations différentielles que nous étudierons est l'équation différentielle exacte.

Soit $M(x, y)dx + N(x, y)dy = 0$ (1) avec $M(x, y)$ et $N(x, y)$ étant des fonctions continues de x et y sur un ouvert de $\mathbb{R}^2$, l'équation est dite exacte s'il existe une fonction $h(x, y) = c$ continue et possédant des derivées partielles $\dfrac{\partial}{\partial x} h(x, y)$ et $\dfrac{\partial}{\partial y} h(x, y)$ continues, avec

$$\frac{\partial}{\partial x} h(x, y) = M(x, y) \quad et \quad \frac{\partial}{\partial y} h(x, y) = N(x, y).$$

$h(x, y) = c$ satisfait évidemment l'équation (1). Nous savons en plus, que si $h(x, y)$ existe par la seconde propriété des derivées des fonctions à deux variables:

$$2) \frac{\partial^2 h(x, y)}{\partial x \partial y} = \frac{\partial^2 h(x, y)}{\partial y \partial x}, \text{ c'est à dire } \frac{\partial N(x, y)}{\partial x} = \frac{\partial M(x, y)}{\partial y}.$$

Si cette dernière condition n'est pas remplie, il est donc inutile de chercher la solution puisque l'équation ne sera pas exacte.

Test d'exactitude :

L'équation différentielle $M(x, y)dx + N(x, y)dy = 0$ (1) est exacte si :

$$\frac{\partial M(x, y)}{\partial y} = \frac{\partial N(x, y)}{\partial x}$$

Nous allons montrer à la suite comment trouver la solution $h(x, y)$ de l'équation exacte (1).

Pour les problèmes que nous verrons nous conviendrons d'accepter les notations équivalentes pour des dérivées partielles.

$$\frac{\partial}{\partial x} h(x, y) = h_x \quad \frac{\partial}{\partial y} h(x, y) = h_y \quad \frac{\partial M(x, y)}{\partial y} = M_y(x, y) \text{ et } \frac{\partial N(x, y)}{\partial x} = N_x(x, y)$$

Exemple 1: Trouver la solution de l'équation différentielle.

$(2xy - 9x^2)dx + (2y + x^2 + 1)dy = 0$.

$M(x,y) = (2xy\text{-}9x^2)$ *et* $N(x,y) = (2y + x^2 + 1)$ *Cette* équation vérifie le test d'exactitu de car $M_y(x,y) = 2x = N_x(x,y)$. *Comment* trouver maintenant $h(x,y)$? Nous avons que :

$h_x(x,y) = M(x,y) = (2xy - 9x^2)$. Intégrons par rapport à x en faisant dépendre la constante k d'intégration de la variable y uniquement.

$h(x,y) = \int (2xy - 9x^2)dx + k(y)$ *et* $h(x,y) = x^2y^2 - 3x^2 + k(y)$.

Utilisons aussi, le fait que $h_y(x,y) = (2y + x^2 + 1)$ pour déterminer $k(y)$.

Or $h_y(x,y) = \dfrac{\partial}{\partial y}(x^2y^2 - 3x^2 + k(y)) = x^2 + k'(y)$

On déduit donc que : $x^2 + k'(y) = 2y + x^2 + 1$ d'où $k'(y) = 2y + 1$ et $k(y) = y^2 + y$.

La solution de cette équation est donc donnée *par* $h(x,y) = c$.

C'est à dire $x^2y^2 - 3x^2 + y^2 + y = c$.

Exemple 2.Trouver la solution de l'équation différentielle $2xy^2 + 4 = 2(3 - x^2y)y'$.

Commençons par mettre l'équation sous la bonne forme:

$(2xy^2 + 4)dx + 2(x^2y - 3)dy = 0$. $M(x,y) = (2xy^2 + 4)$ et $N(x,y) = 2(x^2y - 3)$.

Or $M_y(x,y) = 4xy = N_x(x,y)$. IL s'agit donc d'une équation exacte.

$h(x,y) = \int (2xy^2 + 4)dx + k(y)$ ce qui donne $h(x,y) = x^2y^2 + 4x + k(y)$.Trouvons

$k(y)$ en remarquant que $h_y(x,y) = N(x,y) = 2x^2y - 6$. Or on a $h_y(x,y) = \dfrac{\partial}{\partial y}h(x,y)$

$= 2x^2y + k'(y)$

donc $2x^2y + k'(y) = 2x^2y - 6$ et $k'(y) = -6$ alors $k(y) = \int -6dy = -6y$.

La solution du problème est $h(x,y) = c$. C'est à dire $x^2y^2 + 4x - 6y = c$

Exemple 3. trouver la solution de l'équation différentielle

$\dfrac{2ty}{t^2+1} - 2t - (2 - \ln(t^2+1))y' = 0,$ *qui* vérifie la condition y(5)=0.

Commençons par mettre l'équation sous la bonne forme:

$M(x,y)dx + N(x,y)dy = 0$

$(\dfrac{2ty}{t^2+1} - 2t)dt + (\ln(t^2+1) - 2)dy = 0.$ $M(t,y) = (\dfrac{2ty(t)}{t^2+1} - 2t)$ et

$N(t,y) = (\ln(t^2+1) - 2).$ Or $M_y(x,y) = \dfrac{2t}{t^2+1} = N_t(x,y).$

IL s'agit donc d'une équation exacte. $h(t,y) = \int(\dfrac{2ty}{t^2+1} - 2t)dt + k(y).$

Par intégration, $h(t,y) = y\ln(t^2+1) - t^2 + k(y).$ Trouvons $k(y)$ en remarquant

que : $h_y(t,y) = N(t,y) = \ln(t^2+1) - 2$ Or on a $h_y(t,y) = \dfrac{\partial}{\partial y}h(t,y)$

$= \ln(t^2+1) + k'(y)$ donc on déduit que :

$\ln(t^2+1) + k'(y) = \ln(t^2+1) - 2$ et $k'(y) = -2$ d'où $k(y) = \int -2dy = -2y.$

La solution générale est donnée par $h(t,y) = c,$ c'est à dire

$y(t)\ln(t^2+1) - t^2 - 2y(t) = c.$ Comme y(5)=0 alors on a $-25 = c.$ Il s'ensuit que

la solution vérifiant la condition donnée est $y(t)\ln(t^2+1) - t^2 - 2y(t) = -25$

ou $y(t) = \dfrac{t^2 - 25}{\ln(t^2+1) - 2}.$ *Le* domaine de validité de cette solution est :

$\ln(t^2+1) - 2 \neq 0$ et la solution est definie si $t \neq \pm\sqrt{e^2-1} \neq 2.53.$

L'intervalle qui contient t=5 est donc $\left]\sqrt{e^2-1}, \infty\right[.$

C'est celui de la solution pour la condition initiale.

Exemple 4.Trouver la solution de l'équation différentielle
$3y^3e^{3xy} - 1 + (2ye^{3xy} + 3xy^2e^{3xy})y' = 0$.
Commençons par mettre l'équation sous la bonne forme
$(3y^3e^{3xy} - 1)dx + (2ye^{3xy} + 3x^2ye^{3xy})dy = 0$. $M(x,y) = 3y^3e^{3xy} - 1$
$N(x,y) = (2ye^{3xy} + 3xy^2e^{3xy})$ et $M_y(x,y) = 9y^2e^{3xy} + 9xy^3e^{3xy}$ *et*
$N_x(x,y) = 6y^2e^{3xy} + 9xy^3e^{3xy} + 3y^2e^{3xy} = 9y^2e^{3xy} + 9xy^3e^{3xy}$ donc on a
$M_y(x,y) = N_x(x,y)$.

IL s'agit donc d'une équation exacte. Soit :
$h(x,y) = \int(3y^3e^{3xy}dx - 1) + k(y) = y^2e^{3xy} - x + k(y)$.

Trouvons $k(y)$ en remarquant que $h_y(x,y) = N(x,y) = 2ye^{3xy} + 3x^2ye^{3xy}$. Or on a :

$h_y(x,y) = \dfrac{\partial}{\partial y}h(x,y) = \dfrac{\partial}{\partial y}(y^2e^{3xy} - x + k(y)) = 2ye^{3xy} + 3xy^2e^{3xy} + k'(y)$ et donc

$2ye^{3xy} + 3xy^2e^{3xy} + k'(y) = 2ye^{3xy} + 3xy^2e^{3xy}$ on déduit que $k'(y) = 0$ et $k(y) = k$
La solution du problème est $h(x,y) = c$, c'est à dire $y^2e^{3xy} - x + k = c$ qui est
équivalent à $y^2e^{3xy} - x = c_1$ c_1 constante égale à $c - k$.

C) Résolution par changement de variables. Nous avons vu au chapitre I pour l'équation de Bernoulli, que le changement de variable $v(x) = y^{1-n}(x)$ **permettait de transformer l'équation en une équation différentielle linéaire du premier ordre en v(x). Dans cette section nous allons voir deux autres substitutions qui vont nous permettre de réduire certaines équations différentielles du premier ordre à des formes que nous savons résoudre.**

1) *Equations différentielles homogènes du premier ordre.*

Définition.

l'équation $M(x,y)dx + N(x,y)dy = 0$ est une équation différentielle non linéaire homogéne de dégré n si $M(x,y)$ et $N(x,y)$ sont toutes les deux des fonctions homogènes de dégré n. *C'est* à dire que l'on a $\forall t \in$ $t \neq 0$. $M(tx,ty) = t^n M(x,y)$ et $N(tx,ty) = t^n N(x,y)$.

Par exemple   xdy+(y+x)dx=0 est homogène degré 1. En effet $M(tx,ty) = tx = tM(x,y)$ et

$N(tx,ty) = ty + tx = t(y+x) = tN(x,y)$. On peut voir aussi que $2xye^{\frac{x}{y}}dx + (x^2 + y^2\sin(\frac{x}{y})dy = 0$ est

aussi homogène de dégré 2 puisque $M(tx,ty) = t^2 M(x,y)$ et aussi $N(tx,ty) = t^2 N(x,y)$. *Nous* laissons au lecteur *les* détails de cette vérification. Mais $(x^2 + y)dx + x^3 dy = 0$ n'est pas homogène car $M(tx,ty) \neq t^n M(x,y)$.

Toute équation du premier ordre homogène peut s'écrire $y' = F(\frac{y}{x})$. Une telle équation

est clairement homogène de d'ordre 1.On vérifie facilement que :

$F(tx,ty) = F(\frac{ty}{tx}) = F(\frac{y}{x})$. Inversement si on a une équation différentielle homogéne

de la forme $M(x,y)dx + N(x,y)dy = 0$ on peut la mettre sous la forme équivalente

$\frac{dy}{dx} = -\frac{M(x,y)}{N(x,y)}$. Cette équation est équivalente à $y' = f(x,y)$ où $f(x,y) = -\frac{M(x,y)}{N(x,y)}$

qui est homogéne de dégré 0. Par conséquent si $t = \frac{1}{x}$ alors $f(tx,ty) = t^0 f(x,y)$ entraîne

que $f(1,\frac{y}{x}) = 1f(x,y) = f(x,y)$ et $f(x,y)$ s'écrit comme fonction de $\frac{y}{x}$ uniquement,

si on pose $F(\frac{y}{x}) = f(1,\frac{y}{x})$, on a que $y' = f(x,y)$ devient équivalent à $y' = F(\frac{y}{x})$.

Ce qui prouve l'affirmation.

Voici la procédure pour résoudre une équation homogéne.

-Mettre l'equation sous la forme $y' = F(\frac{y}{x})$

-Utiliser la substitution $y(x) = xv(x)$ ou $v(x) = \frac{y}{x}$ donc $y' = v + xv'$

-En remplaçant ces valeurs dans $y' = F(\frac{y}{x})$ on transforme l'équation en:

$v + xv' = F(v)$ donc $v + x\frac{dv}{dx} = F(v)$ ce qui donne $vdx + xdv = F(v)dx$ ou

$xdv = (F(v)-v)dx$ et $\frac{dv}{F(v)-v} = \frac{dx}{x}$.

$-On$ résout l'équation ainsi obtenue qui est à variable séparable et on remplace

ensuite dans la solution générale trouvée v(x) par la valeur $\frac{y}{x}$.

Exemple 1 Résoudre l'équation différentielle $xyy' + 4x^2 + y^2 = 0$

$xyy' = -4x^2 - y^2$. Passons à la forme $y' = F(\frac{y}{x})$ en divisant par xy donc

$y' = \dfrac{-4x}{y} - \dfrac{y}{x}$, *posons* $y(x) = xv(x)$ $y' = v + xv'$ et $v = \dfrac{y}{x}$ en remplaçant

ces valeurs dans $y' = \dfrac{-4x}{y} - \dfrac{y}{x}$ on obtient: $v + xv' = \dfrac{-4}{v} - v$ ou $xv' = -\dfrac{4 + 2v^2}{v}$ et

$\dfrac{v}{4 + 2v^2} dv = -\dfrac{dx}{x}$ et en intégrant: $\displaystyle\int \dfrac{v}{4 + 2v^2} dv = -\ln(x) + c = \ln(\dfrac{k}{x})$ $(k = \ln c)$.

$\displaystyle\int \dfrac{1}{4}(\dfrac{4v}{4 + 2v^2}) dv = \ln(\dfrac{k}{x})$ ce qui donne $\dfrac{1}{4}\ln(4 + 2v^2) = \ln(\dfrac{k}{x})$

on déduit $(4 + 2v^2)^{\frac{1}{4}} = \dfrac{k}{x}$ ou $v^2 = \dfrac{k^4 - 4x^4}{2x^4}$. *Comme* $v = \dfrac{y}{x}$ alors

$\dfrac{y^2}{x^2} = \dfrac{k^4 - 4x^4}{2x^4}$ et $y^2 = \dfrac{c - 4x^4}{2x^2}$ est la solution de l'équation donnée

avec c constante égale à k^4.

Exemple 2.Résoudre l'équation différentielle suivante $xy' = y(\ln x - \ln y)$.

$y' = \dfrac{y}{x}\ln(\dfrac{x}{y})$. Posons le changement de variable $y(x) = xv(x)$ $y' = v + xv'$. Si on substitue

ces valeurs correctement dans l'équation on $y' = \dfrac{y}{x}(\ln\dfrac{x}{y})$, elle devient $v + xv' = v\ln(\dfrac{1}{v})$

et en simplifiant on obtient $xdv = (v\ln(\dfrac{1}{v}) - v)dx$ ou $\dfrac{dv}{v(\ln(\dfrac{1}{v}) - 1)} = \dfrac{dx}{x}$.

Intégrons dc part et d'autre de l'égalité:

$\displaystyle\int \dfrac{dv}{v(\ln(\dfrac{1}{v}) - 1)} = \ln(x) + c = \ln(kx)$ (où $c = \ln(k)$). Pour trouver la valeur de l'intégrale

de gauche, posons u= $(\ln(\dfrac{1}{v}) - 1)$ donc :

$v = e^{-u-1}$ $dv = -e^{-u-1}\,du$ ou $dv = -vdu$ et l'integrale $\displaystyle\int\dfrac{dv}{v(\ln(\dfrac{1}{v}) - 1)}$ devient $\displaystyle\int\dfrac{-vdu}{vu} = -\ln(u)$.

De $-\ln(u) = \ln(kx)$ on déduit $\ln(\ln(\dfrac{1}{v}) - 1) = -\ln(kx) = \ln(\dfrac{1}{kx})$ ou

$\ln(\dfrac{1}{v}) - 1 = \dfrac{1}{kx} = \dfrac{c}{x}$ (c=$\dfrac{1}{k}$). Donc $\ln(\dfrac{1}{v}) = \dfrac{c}{x} + 1$ ou $v = e^{(-\frac{c}{x}-1)}$, la solution de cette

équation est $\dfrac{y}{x} = e^{(-\frac{c}{x}-1)}$ c'est à dire $y = xe^{(-\frac{c}{x}-1)}$

2) Equations linéaires mais non homogènes.

$$substitution \quad \text{pour } y'(x) = g(ax + by)$$

L'autre substitution que nous verrons permet de résoudre, l'équation différentielle de la forme $y'=g(ax+by(x))$ a et b constantes et g est linéaire mais n'est pas pas homogène. Dans ce cas on utilise $v(x)=ax+by(x)$ ce qui entraîne en prenant la dérivée

$v'=a+by'$ ou $y' = \dfrac{1}{b}(v'-a)$.

En substituant ces valeurs dans l'équation $\dfrac{1}{b}(v'-a)=g(v)$ ou $v'=bg(v)+a$

donc $\dfrac{dv}{dx}=bg(v)+a$ et $\dfrac{dv}{bg(v)+a}=dx$.

Cette équation est maintenant à variables séparables, on trouve la solution $h(v(x),x)=c$ et on remplace dans cette solution $v(x)$ par $ax+by(x)$.

exemple 1:Résoudre l'équation différentielle suivante.

$y' - (4x - y + 1)^2 = 0$ ou $y' = (4x - y + 1)^2$.

Utilisons le changement de variable $v(x) = 4x - y$ donc $y' = 4 - v'$. Après que l'on substitue dans $y' = (4x - y + 1)^2$ et qu'on opère la séparation des variables on

obtient 4- $\dfrac{dv}{dx}$ =(v+1)^2 ou $\dfrac{dv}{dx} = 4 - (v+1)^2$ et $\dfrac{dv}{(v+1)^2 - 4} = -dx$,

en intégrant chaque membre de l'équation $\int \dfrac{dv}{(v+1)^2 - 4} = -x + c.$

On peut trouver l'intégrale du membre de gauche de l'équation, par décomposition en fraction partielle .

$$\frac{1}{(v+1)^2 - 4} = \frac{1}{v^2 + 2v - 3} = \frac{1}{(v+3)(v-1)} = \frac{1}{4}(\frac{1}{v-1} - \frac{1}{v+3})$$

donc $\int \dfrac{dv}{(v+1)^2 - 4} = \dfrac{1}{4}\ln((v-1) - \ln(v+3)$ ce qui entraîne $\dfrac{1}{4}\ln(\dfrac{(v-1)}{(v+3)}) = -x + c$

ou $\ln(\dfrac{(v-1)}{(v+3)}) = -4x + k$ avec $k = 4c$. Donc $\dfrac{(v-1)}{(v+3)} = c_1 e^{-4x}$ $(c_1 = e^k)$ et en isolant

v $= \dfrac{1 + 3c_1 e^{-4x}}{1 - c_1 e^{-4x}}$.

Comme $v(x) = 4x - y(x)$ on trouve $y(x) = 4x - \dfrac{1 + 3c_1 e^{-4x}}{1 - ce^{-4x}}$ qui est la solution

de l'équation.

Exemple 2.Résoudre l'équation différentielle suivante $y' = e^{9y-x}$ avec condition initiale y(0)=0

Faisons le changement de variable $v(x) = 9y(x) - x$

$v' = 9y' - 1$ donc $y' = \dfrac{v'+1}{9}$. Remplaçons tout ceci dans $y' = e^{9y-x}$.

$\dfrac{v'+1}{9} = e^v$ donc $v' = 9e^v - 1$ et $\dfrac{dv}{9e^v - 1} = dx$. Multiplions, numérateur et denominateur

de $\dfrac{dv}{9e^v - 1}$ *par* e^{-v} on obtient $\dfrac{e^{-v}dv}{9 - e^{-v}} = dx$ qui est une forme équivalente, plus facile

à intégrer donc $\displaystyle\int \dfrac{e^{-v}dv}{9 - e^{-v}} = \int dx$ et en intégrant $\ln(9 - e^{-v}) = x + c =$ d'où $e^{-v} = 9 - ke^x$

et $v = -\ln(9 - ke^x)$ $(k = e^c)$.

Comme $v(x) = 9y(x) - x$ nous obtenons $y(x) = \dfrac{1}{9}(x - \ln(9 - ke^x))$. Dérivons de cette

solution générale la solution pour la condition initiale : $0 = \dfrac{1}{9}(0 - \ln(9 - k.1))$ ou

$\ln(9 - k) = 0$ ce qui donne 9- k=1. $k = 8$, la solution particulière qui satisfait la

condition est donc $y(x) = \dfrac{1}{9}(x - \ln(9 - 8e^x))$.

D) Equations non exactes, recherche d'un facteur intégrant.

*Quan*d l'équation différentielle non lineaire du premier ordre que nous connaissons $M(x,y)dx + N(x,y)dy = 0$ (1) n'est pas exacte; c'est à dire que le test d'exactitude $M_y(x,y) = N_x(x,y)$ n'est pas vérifié; il est possible dans certains cas de trouver un facteur intégrant $u(x,y)$, tel que l'équation $u(x,y)M(x,y)dx + u(x,y)N(x,y)dy = 0$ obtenue de (1) par multiplication de tous les termes par $u(x,y)$ soit exacte.

La recherche d'un tel facteur intégrant est en général difficile.Il y a cependant trois cas où nous pouvons le trouver systématiquement.

1) Si $g(x) = \dfrac{1}{N(x,y)}($ $M_y(x,y)$-$N_x(x,y))$ est une fonction uniquement de la variable

x, alors $u(x,y) = e^{g(x)}$.

2) Si $h(y) = \dfrac{1}{M(x,y)}($ $M_y(x,y)$-$N_x(x,y))$ est une fonction uniquement de la variable y,

alors $u(x,y) = e^{-h(y)}$.

3)Si l'équation différentielle non lineaire du premier ordre est de la forme :

$yf(x,y)dx + xg(x,y)dy = 0$

dans ce cas :

$$u(x,y) = \frac{1}{xM(x,y) - yN(x,y)} = \frac{1}{xy(f(x,y) - g(x,y))} \text{ avec } xM(x,y) \neq yN(x,y).$$

Exemple 1:Trouver un facteur intégrant pour l'équation différentielle $y' = (2xy + x)$

$y' = 2xy + x$ transformons l'équation à la forme conventionnelle:

$M(x,y)dx + N(x,y)dy = 0$

$-(2xy + x)dx + 1dy = 0.$ $M_y(x,y) = -2x$ et $N_x(x,y) = 1$.

L'équation n'est pas exacte cependant:

$$\frac{1}{N(x,y)}(M_y(x,y) - N_x(x,y)) = \frac{1}{1}(-2x - 0) = -2x.$$

On déduit que $u(x,y) = e^{\int -2xdx} = e^{-x^2}$ est un facteur intégrant. Considérons l'équation transformée obtenue, en mutipliant les deux membres de l'équation donnée par e^{-x^2}, $-e^{-x^2}(2xy + x)dx + e^{-x^2}1dy = 0$ est alors une équation exacte, car :

$$\frac{\partial}{\partial y} -e^{-x^2}(2xy + x) = -2xe^{-x^2} = \frac{\partial}{\partial x}(e^{-x^2})$$ Le facteur intégrant pour l'équation est e^{-x^2}.

Exemple 2.Convertir l'équation différentielle $y^2dx + xydy = 0$ en une équation exacte

$M_y(x,y) = 2y$ et $N_x(x,y) = y$ l'equation n'est pas exacte car $M_y(x,y) \neq N_x(x,y)$

mais $\frac{1}{M(x,y)}(M_y(x,y) - N_x(x,y)) = \frac{1}{y}$. Un facteur intégrant est donné par

$u(x,y) = e^{\int \frac{1}{y}dy}$.

ou $u(x,y) = e^{-\ln(y)} = \frac{1}{y}$. Nous obtenons donc l'equation différentielle exacte:

$ydx + xdy = 0$. On peut vérifier que la solution est $xy = k$.

$Exemple$ 3.Convertir l'équation différentielle en une equation exacte:

$y(1 - xy)dx + xdy = 0$

$cette$ équation est de la forme $yf(x,y)dx + xg(x,y)dy = 0$.

Le facteur intégrant est de la forme $\dfrac{1}{xM(x,y) - yN(x,y)}$

$\dfrac{1}{xM(x,y) - yN(x,y)} = \dfrac{1}{xy(1 - xy) - yx} = -\dfrac{1}{x^2y^2}$.Ce facteur intégrant convertit l'équation à la forme:

$$\frac{(xy - 1)}{x^2y}dx - \frac{1}{xy^2}dy = 0$$ qui est exacte car $\dfrac{\partial}{\partial y}(\dfrac{1}{x} - \dfrac{1}{x^2y}) = \dfrac{\partial}{\partial x}(-\dfrac{1}{xy^2}) = \dfrac{1}{x^2y^2}$.

Chapitre III) Equations différentielles linéaires de second ordre (E.D.L.S.O).

A)Définitions.

L'équations diifféentielle linéaire du second ordre la plus générale est
de la forme :
$p(x)y''(x) + q(x)y'(x) + r(x)y(x)y = g(x)$ (1)
Comme on travaillera presque exclusivement avec l'équation à
coéfficients constants, nous noterons par convention une telle équation
par $ay''(x) + by'(x) + cy(x)y = g(x)$ avec a,b,c constantes a ≠ 0.
Cependant si cetaines propriétés,théorèmes ou méthodes de résolution
sont valables pour la forme à coefficients non constants, nous
employerons dans ce cas la notation (1).
Si $g(x)$ est identiquement égale à 0.Nous dirons que l'équation est
homogène et si $g(x) \neq 0$ elle est appelée équation non homogène.
Nous allons d'abord apprendre à résoudre l'équation homogène
à coefficients constants . $ay''(x) + by'(x) + cy(x)y = 0$
Donnons nous une idée intuitive de ce que peut être les solutions
d'une telle équation. Commençons par trouver par inspection, la
solution de $y''(x) - 9y(x) = 0$. Si elle existe la solution de cette équation
sera une fonction telle que sa derivée seconde diminuée de 9 fois
la fonction est égal à 0. La seule fonction qui nous vient à l'esprit
est e^{bx}. En plus comme $(e^{bx})'' = b^2 e^{bx} = 9e^{bx}$ ceci entraîne que $b = \pm 3$.
Comme on peut vérifier e^{3x} et e^{-3x} sont les deux solutions de $y''(x) - 9y(x) = 0$
Si a ≠ 0 on peut diviser tous les termes de $ay''(x) + by'(x) + cy(x)y = 0$ par a,
pour obtenir $y''(x) + By'(x) + Cy(x)y = 0$ (2) $B = \dfrac{b}{a}$ et $C = \dfrac{c}{a}$.

$D\,'après$ l'exemple traité, il est donc légitime de chercher des
solutions de cette équation de la forme e^{mx} avec m constante.
$e^{mx} sera$ donc solution si $m^2 e^{mx} + Bm e^{mx} + C e^{mx} = 0$. C'est à dire :
$e^{mx}(m^2 + Bm + C) = 0$ comme $e^{mx} > 0$, quelle que soit la valeur de m,
Il y aura donc des solutions si m est solution de l'équation quadratique
$m^2 + Bm + C = 0$. $Cette$ équation est appelée l'équation caractéristique
associée de l'équation différentielle linéaire homogène du second ordre
$y''(x) + By'(x) + Cy(x) = 0$ (2).

D 'après ce que savons des racines de $m^2 + Bm + C = 0$, trois cas
sont possibles.

1) Deux racines réelles distinctes $m_1 \neq m_2$

2) Racine double $m_1 = m_2$. Nous dirons alors une racine de
multiplicité *deux*.

3) Deux racines complexes et conjuguées $m_1 = a + ib, m_2 = a - ib$

Nous allons examiner la forme de la solution dans chacun des
cas. Tout d'abord nous avons besoin du résultat suivant dit principe
de superposition des solutions de l'equation homogène.

Si $y_1(x)$ et $y_2(x)$ *sont* deux solutions de l'équation homogène donnée
par (2) alors $y(x) = c_1 y_1(x) + c_2 y_2(x)$ est aussi solution de la même
équation.

Ceci est évident à établir puisque si $y_1(x)$ et $y_2(x)$ *sont*
deux solutions de l'équation homogène (2)

$y''(x) + By'(x) + Cy(x) = 0$ on a par linéarité :

$(c_1 y_1(x) + c_2 y_2(x))'' + B(c_1 y_1(x) + c_2 y_2(x))' + C((c_1 y_1(x) + c_2 y_2(x))$

$= c_1(y_1''(x) + By_1'(x) + Cy_1(x)) + c_2(y_2''(x) + By_2'(x) + Cy_2(x))$

$= c_1(0) + c_2(0) = 0, donc\ c_1 y_1(x) + c_2 y_2(x)$ est aussi solution de

$y''(x) + By'(x) + Cy(x) = 0$.

B) Equations linéaires homogènes du second ordre à coefficients constants.

I) Racines réelles distinctes.

Si $m_1 \neq m_2$, deux solutions linéairement indépendantes sont données par $e^{m_1 x}$ et $e^{m_2 x}$ et la solution générale est $y(x) = c_1 e^{m_1 x} + c_2\, e^{m_2 x}$. Nous définirons plus tard ce concept, d'indépendance linéaire lorsqu'on étudiera le Wronskien des solutions.

Exemple 1 Résoudre l'EDLSO suivante avec condition initiale $y(0) = 0$, $y'(0) = -7$ si $y'' + 11 y' + 24 y = 0$

L'équation caractéristique associée à l'équation homogène est donnée par :

$m^2 + 11m + 24 = 0$ donc $(m + 8)(m + 3) = 0$. -3 et 8 étant deux solutions réelles distictes, la solution générale s'écrira

$y(x) = c_1 e^{-3x} + c_2 e^{-8x}$. Pour trouver la solution particulière respectant la condition initiale on doit résoudre le système de deux équations à deux inconnues :

$y(x) = c_1 e^{-3x} + c_2 e^{-8x}$ et donc $\quad 0 = c_1 + c_2$

$y'(x) = -3 c_1 e^{-3x} - 8 c_2 e^{-8x}$ aussi $-7 = -3 c_1 - 8 c_2$

Ce système a pour solutions $c_2 = \dfrac{7}{5}$ et $c_1 = -\dfrac{7}{5}$.

La solution de ce problème vérifiant les conditions initiales posées par l'hypothèse est donc $y(x) = -\dfrac{7}{5} e^{-3x} + -\dfrac{7}{5} e^{-8x}$.

Exemple 2: Résoudre l'EDLSO donnée par
$y'' + 3 y' - 10 y = 0$.

L'équation caractéristique associée à l'équation homogène est :

$m^2 + 3m - 10 = 0 \rightarrow (m + 5)(m - 2) = 0$. -5 et 2 étant deux solutions

réelles distinctes, la solution générale s'écrira :

$y(x) = c_1 e^{2x} + c_2 e^{-5x}$.

Exemple 3: Résoudre EDLSO donnée par
$3y'' + 2y' - 8y = 0$ avec conditions initiales
$y(0) = -6$ et $y'(0) = -18$

Cette équation est équivalente à $y'' + \dfrac{2}{3}y' - \dfrac{8}{3}y = 0$.

L'équation caractéristique de l'équation homogène

est $m^2 + \dfrac{2}{3}m - \dfrac{8}{3} = 0 \rightarrow 3m^2 + 2m - 8 = 0$ donc

$(3m - 4)(m + 2) = 0$.

-2 et $\dfrac{4}{3}$ étant deux solutions réelles distictes, la solution

générale s'écrira $y(x) = c_1 e^{-2x} + c_2 e^{\frac{4}{3}x}$.

Pour touver la solution des conditions initiales nous devons
trouver les constantes c_1 et c_2 qui sont solutions du système

$c_1 + c_2 = -6$ et $-2c_1 + \dfrac{4}{3}c_2 = -18$.

Ce système a pour solutions $c_1 = 3$ et $c_2 = -9$, la solution

démandée est donc $y(x) = 3e^{-2x} - 9e^{\frac{4}{3}x}$.

Exemple 4: Résoudre EDLSO donnée par: $4y'' - 5y' = 0$.

Cette équation se réecrit $y'' - \dfrac{5}{4}y' = 0$.

L'équation caractéristique associée à l'équation homogène

est $m^2 - \dfrac{5}{4}m = 0$ ou $m(m - \dfrac{5}{4}) = 0$. *Donc* 0 et $\dfrac{5}{4}$ étant

deux solutions réelles distinctes, la solution générale

s'écrira : $y(x) = c_1 + c_2 e^{\frac{5}{4}x}$.

Exemple 5 : Résoudre EDLSO donnée par
$y'' - 6y' - 2y = 0$.
L'équation caractéristique associée à cette équation
homogène est :
$m^2 - 6m - 2 = 0$ Les deux solutions réelles sont :
$m_1 = \dfrac{6 + \sqrt{44}}{2} = 3 + \sqrt{11}$ $m_2 = \dfrac{6 - \sqrt{44}}{2} = 3 - \sqrt{11}$.
La solution générale s'écrira :
$y(x) = c_1 e^{(3+\sqrt{11})x} + c_2 e^{(3-\sqrt{11})x}$.

II) Racines de multiplicité deux.

Si l'équation caractéristique $m^2 + Bm + C = 0$ associée à l'équation différentielle homogène $y' + By' + Cy = 0$ admet une racine double m_1 on dira que m_1 est de multiplicité deux. Dans ce cas on montre qu'il y a deux solutions indépendantes :

$e^{m_1 x}$ et $xe^{m_1 x}$, qui génèrent la solution générale.
Nous définirons plus tard ce concept d'indépendance linéaire lorsqu'on étudiera le Wronskien des solutions.
Pour l'instant nous admettrons sans preuve, l'indépendance linéaire des solutions . La solution générale dans le cas de la racine double m_1 s'écrit:
$y(x) = c_1 e^{m_1 x} + c_2 x e^{m_1 x}$.

Exemple 1.Trouver la solution générale de EDLSO.
$y'' - 4y' + 4y = 0$.
L'équation caractéristique associée, est $m^2 - 4m + 4 = 0$ donc $(m-2)^2 = 0$
possède une racine double de mutiplicité 2, $m = 2$.
La solution générale de cette équation différentielle est
$y(x) = c_1 e^{2x} + c_2 x e^{2x}$.

44

*Ex*emple 2.Trouver la solution générale de l'EDLSO.

$16y'' - 40y' + 25y = 0$ avec conditions initiales $y(0) = 3$ et $y'(0) = -\dfrac{9}{4}$

L'équation caractéristique associée, $m^2 - \dfrac{40}{16}m + \dfrac{25}{16} = 0$ donc $(m - \dfrac{5}{4})^2 = 0$

possède la racine double $\dfrac{5}{4}$ de mutiplicité 2.

La solution générale de cette équation différentielle est :

$y(x) = c_1 e^{\frac{5}{4}x} + c_2 x e^{\frac{5}{4}x}$. *Trouvons* la solution correspondant aux données des conditions initiales en resolvant le système de deux équations pour c_1 et c_2.

$3 = c_1$ et $-\dfrac{9}{4} = \dfrac{5}{4}c_1 e^{\frac{5}{4}(0)} + c_2 e^{\frac{5}{4}(0)} + c_2 \dfrac{5}{4}(0)e^{\frac{5}{4}(0)} = \dfrac{5}{4}c_1 + c_2$

les solutions sont $c_1 = 3$ et $c_2 = -6$

La solution de l'équation qui satisfait la condition initiale est donc

$y(x) = 3e^{\frac{5}{4}x} - 6x e^{\frac{5}{4}x}$.

*Ex*emple 3.Trouver la solution générale de l'EDLSO.

$y'' + 14y' + 49y = 0$.

L'équation caractéristique associée, est $m^2 + 14m + 49 = 0$ c'est à dire $(m + 7)^2 = 0$ et possède une racine double de mutiplicité 2, $m = -7$.

La solution générale de cette équation différentielle est

$y(x) = c_1 e^{-7x} + c_2 x e^{-7x}$.

III) Racines complexes.

Si l'équation caractéristique $m^2 + Bm + C = 0$ associée à l'équation différentielle homogène $y'' + By' + C = 0$ admet deux racines complexes conjuguées, $m_1 = a + ib$ et $m_2 = a - ib$ alors e^{a+ib} et e^{a-ib} sont les solutions indépendantes de l'équation homogène et la solution générale est donnée par :

45

$y(x) = c_1 e^{(a+ib)x} + c_2 e^{(a-ib)x}$ ce qui est équivalent à $y(x) = c_1 e^{ax} e^{ibx} + c_2 e^{ax} e^{-ibx}$

$y(x) = c_1 e^{ax}(\cos(bx) + i\sin(bx)) + c_2 e^{ax}(\cos(bx) - i\sin(bx))$

$y(x) = e^{ax}(c_1 + c_2)\cos(bx) + e^{ax}(c_1 - c_2)i\sin(bx)$.

Posons $c_1 + c_2 = k_1$ et $(c_1 - c_2)i = k_2$. La solution générale dans le cas des racines complexes est : $y(x) = k_1 e^{ax}\cos(bx) + k_2 e^{ax}\sin(bx)$.

Exemple 1. Trouver la solution générale de l'EDLSO
$y'' - 4y' + 9y = 0$.

L'équation caractéristique associée à l'équation différentielle est

$m^2 - 4m + 9 = 0$ qui a pour solutions $\dfrac{4 \pm i\sqrt{20}}{2}$

les racines complexes et conjuguées $2 + i\sqrt{5}$ et $2 - i\sqrt{5}$
La solution générale qui correspond à l'équation est.

$y(x) = k_1 e^{2x}\cos(\sqrt{5}x) + k_2 e^{2x}\sin(\sqrt{5}x)$.

Exemple 2. Trouver la solution générale de l'EDLSO.
$y'' - 8y' + 17y = 0$ avec condition initiale $y(0) = -4$ et $y'(0) = -1$.
L'équation caractéristique associée à l'équation différentielle est
$m^2 - 8m + 17 = 0$ qui a pour solutions les racines complexes et
conjuguées $4 + i$ et $4 - i$,
La solution générale de l'équation est donc.

$y(x) = k_1 e^{4x}\cos(x) + k_2 e^{4x}\sin(x)$.

donc $y'(x) = 4k_1 e^{4x}\cos(x) - k_1 e^{4x}\sin(x) + 4k_2 e^{4x}\sin(x) + k_2 e^{4x}\cos(x)$

La solution qu'on cherche doit vérifier les conditions initiales
$y(0) = -4$ et $y'(0) = -1$. Ceci donne le calcul suivant:
$-4 = k_1$ et $-1 = 4k_1 + k_2$. On déduit de ces deux équations
que $k_1 = -4$ et $k_2 = 15$. La solution demandée est :

$y(x) = -4e^{4x}\cos(x) + 15e^{4x}\sin(x)$.

Example 3.Trouver la solution générale de l'EDLSO
$4y'' + 24y' + 37y = 0$.
L'équation caractéristique associée à l'équation
différentielle homogène est:
$\dfrac{1}{4}(m^2 + 6m + \dfrac{37}{4}) = 0$ qui a pour solutions $\dfrac{-6 \pm i}{2}$,

soit les deux racines complexes conjuguées $-3 + \dfrac{i}{2}, -3 - \dfrac{i}{2}$
La solution générale qui correspond à l'équation est:
$y(x) = k_1 e^{-3x} \cos(\dfrac{1}{2}x) + k_2 e^{-3x} \sin(\dfrac{1}{2}x)$.

Exemple 4:touver la solution de l'EDLSO $y'' + 16y = 0$ qui

correspond aux conditions initiales $y(\dfrac{\pi}{2}) = -10$ et $y'(\dfrac{\pi}{2}) = 3$.
L'équation caractéristique de l'équation homogène est
$m^2 + 16 = 0, ce$ qui donne: $m^2 = -16$ et $m^2 = 16i$ donc $m = \pm 4i$
La solution générale de l'équation différentielle est:
$y(x) = k_1 \cos(4x) + k_2 \sin(4x)$. Pour trouver celle qui correspond
aux données des conditions initiales on doit avoir:
$-10 = k_1$ et $3 = -4k_1 \sin(2\pi) + 4k_2 \cos(2\pi) = 4k_2$

donc $k_1 = -10$ et $k_2 = \dfrac{3}{4}$. Ce qui donne pour la solution

particulière des conditions initiales :
$y(x) = -10\cos(4x) + \dfrac{3}{4}\sin(4x)$.

C) Equations différentielles du second ordre : théorie des solutions

Théorème 1 .Existence de la solution vérifiant une condition initiale.
Soit $y''(x) + p(x)y'(x) + q(x)y = g(x)$ l'équation différentielle linéaire
générale du second dégré .
Si $p(x), q(x)$ et $g(x)$ *sont continues* sur un intervalle I des
réels contenant le point x_0. Il existe une et une seule solution
$y(x)$ de cette équation différentielle, définie sur tout l'intervalle
I, vérifiant les conditions initiales.
$y(x_0) = k_0$ et $y'(x_0) = k_1$.
C'est un théorème fondamental d'existence et d'unicité qui se généralise aux
équations différentielles linéaires d'ordre n>2.
Considerons l'équation homogène $y'' + By' + Cy = 0$. si $y_1(x)$ et $y_2(x)$ sont deux
solutions on sait par le principe de superposition que $y_h(x) = c_1 y_1(x) + c_2 y_2(x)$
est aussi solution.La question est cependant de savoir, s'il existe une *condition*
pour qu'elle soit la solution générale ou solution complémentaire de l'équation
homogène.
Par le théorème ci-dessus, il existe une solution vérifiant $y(x_0) = k_0$ et $y'(x_0) = k_1$
pour chaque point $x_0 \in I, donc$ $y_h(x) = c_1 y_1(x) + c_2 y_2(x)$ sera la solution générale de
l'équation si $y_h(x_0) = k_0$ et $y_h'(x_0) = k_1$, pour tout point $x_0 \in I$ et tout couple de
constantes k_0 et k_1. On aura donc :

$c_1 y_1(x_0) + c_2 y_2(x_0) = k_0$ et $c_1 y_1'(x_0) + c_2 y_2'(x_0) = k_1$.

Dans ce systeme de deux équations à deux inconnues, toutes les valeurs des fonctions et
des constantes k_0 et k_1 sont données. Les seules inconnues sont c_1 et c_2.On sait
cependant que si :

$$\det \begin{pmatrix} y_1(x_0) & y_2(x_0) \\ y_1'(x_0) & y_2'(x_0) \end{pmatrix} = y_1(x_0)y_2'(x_0) - y_1'(x_0)y_2(x_0) \neq 0. \; Ces \text{ valeurs sont données}$$

par la règle de Cramer:

$$c_1 = \frac{\det\begin{pmatrix} k_0 & y_2(x_0) \\ k_1 & y_2{'}(x_0) \end{pmatrix}}{\det\begin{pmatrix} y_1(x_0) & y_2(x_0) \\ y_1{'}(x_0) & y_2{'}(x_0) \end{pmatrix}} \text{ et } c_2 = \frac{\det\begin{pmatrix} y_1(x_0) & k_0 \\ y_1{'}(x_0) & k_1 \end{pmatrix}}{\det\begin{pmatrix} y_1(x_0) & y_2(x_0) \\ y_1{'}(x_0) & y_2{'}(x_0) \end{pmatrix}}$$

Les valeurs des constantes peuvent être donc déterminées et

$y_h(x) = c_1 y_1(x) + c_2 y_2(x)$ sera la solution complémentaire de l'équation

homogène dans le cas où $y_1(x_0) y_2{'}(x_0) - y_1{'}(x_0) y_2(x_0) \neq 0$

l'expression $y_1(x_0) y_2{'}(x_0) - y_1{'}(x_0) y_2(x_0)$ est appelée le Wronskien des

solutions $y_1(x)$ et $y_2(x)$ *en* x_0 et est noté $W(y_1, y_2)(x_0)$

Si $W(y_1, y_2)(x) \neq 0$ sur l'intervalle I, dans ce cas on dit que $y_1(x)$, $y_2(x)$

forment un ensemble fondamental de solutions pour l'équation homogène, et

sa solution complémentaire ou générale est donnée par $c_1 y_1(x) + c_2 y_2(x)$.

Maintenant voyons une autre application du Wronskien.

Rappellons certaines définitions. Deux fonctions $f(x)$ et $g(x)$ sont linéairement dépendantes s'il existe deux contantes non nulles c_1 et c_2 telles que $c_1 f(x) + c_2 g(x) = 0$ pour tout $x \in I$. *Notons* que dans ce cas une des fonctions est combinaison linéaire de l'autre.

Si la seule possiblité d'avoir $c_1 f(x) + c_2 g(x) = 0$ $x \in I$, *donne* $c_1 = 0$ *et* $c_2 = 0$ alors $f(x)$ et $g(x)$ sont linéairement indépendantes.

Théorème 2.

Supposons que $y_1(x)$ et $y_2(x)$ sont différentiables sur un intervalle I des réels et sont solutions de la même équation différentielle linéaire homogène d'ordre deux à coéfficients constants, alors :

1) Si $W(y_1, y_2) \neq 0$ pour au moins un point x_0 de I les fonctions sont linéairement indépendantes sur I et forment un ensemble fondamental de solutions. La solution complémentaire s'écrit $y_h = c_1 y_1(x) + c_2 y_2(x)$.

2) Si $W(y_1, y_2)$ est identiquement égal à 0, sur I $y_1(x)$, $y_2(x)$ sont alors linéairement dépendantes.

Remarque.

Notons que le théorème ne dit rien dans le cas où $W(y_1, y_2) = 0$ *et* que ni $y_1(x)$, *ni* $y_2(x)$ sont des solutions de la même équation différentielle. Dans ce cas il faut tester directement si $c_1 y_1(x) + c_2 y_2(x) = 0$. Car il est possible pour des fonctions linéairement indépendantes d'avoir un Wronskien nul.

On se souvient que lorsque j'ai donné les deux solutions de l'équation homogène $y'' + By' + Cy = 0$ en accord avec le nombre et la nature des racines de l'équation caractéristique associée, j'ai demandé d'admettre l'indépendance de ces solutions. Nous sommes en mesure de montrer cette affirmation, pour cela il suffira de prouver d'après le théorème 2, que le Wronskien des solutions est est non nul.

si m_1, m_2 sont réelles et distintes $y_1(x) = e^{m_1 x}, y_2(x) = e^{m_2 x}$

$$W(e^{m_1 x}, e^{m_2 x}) = \det \begin{pmatrix} e^{m_1 x} & e^{m_2 x} \\ m_1 e^{m_1 x} & m_2 e^{m_2 x} \end{pmatrix} = e^{m_1 x} e^{m_2 x}(m_2 - m_1) = e^{(m_1 + m_2)x}(m_2 - m_1)$$

$e^{(m_1 + m_2)x}(m_2 - m_1) \neq 0$ car $m_2 \neq m_1$ et $e^{(m_1 + m_2)x} > 0$.

si m_1 est une racine réelle double $y_1(x) = e^{m_1 x}, y_2(x) = xe^{m_1 x}$

$$W(e^{m_1 x}, xe^{m_1 x}) = \det \begin{pmatrix} e^{m_1 x} & xe^{m_1 x} \\ m_1 e^{m_1 x} & m_1 xe^{m_1 x} + e^{m_1 x} \end{pmatrix} = m_1 xe^{2m_1 x} + e^{2m_1 x} - m_1 xe^{2m_1 x}$$

$W(e^{m_1 x}, xe^{m_1 x}) = e^{2m_1 x} \neq 0$

si m_1, m_2 sont complexes et conjuguées $a \pm ib \ b \neq 0$ alors

$y_1(x) = e^{ax}\cos(bx), y_2(x) = e^{ax}\sin(bx)$.

$$W(y_1, y_2)(x) = \det \begin{pmatrix} e^{ax}\cos(bx) & e^{ax}\sin(bx) \\ -e^{ax}b\sin(bx) + ae^{ax}\cos(bx) & e^{ax}b\cos(bx) + ae^{ax}\sin(bx) \end{pmatrix}$$

$W = be^{2ax}\cos^2(bx) + ae^{2ax}\cos(bx)\sin(bx) + be^{2ax}\sin^2(bx) - ae^{2ax}\cos(bx)\sin(bx)$

$W = be^{2ax}(\cos^2(bx) + \sin^2(bx)) = be^{2ax} \neq 0$

Nous avons prouvé donc, que dans tous les cas, les solutions de l'équation $y'' + By' + Cy = 0$ sont linéairement indépendantes et forment toujours un ensemble fondamental de solutions.

Nous finirons cette section par la preuve du théorème d'existence d'un ensemble fondamental de solutions.

Théorème 3:

Soit l'équation homogène linéaire du second ordre à coéfficients constants, $y'' + By' + Cy = 0$. Il existe toujours un ensemble fondamental de solutions

$y_1(x)$ et $y_2(x)$ pour l'équation et la solution complémentaire est égale à $c_1 y_1(x) + c_2 y_2(x)$.

Démonstration.

Par le théorème 1, nous pouvons trouver une première solution $y_1(x)$ satisfaisant $y_1(x_0) = 0$ et $y_1'(x_0) = 1$, et en appliquant de nouveau le même théorème, une deuxième solution $y_2(x)$ satisfaisant $y_2(x_0) = 1$ et $y_2'(x_0) = 0$.

Ces deux solutions existent et forment d'après le théorème 2 un ensemble fondamental de solutions . puisque $W(y_1, y_2)(x_0) = -1 \neq 0$

Ce qui prouve le théorème.

D) *Equations différentielles linéaires non homogènes du second ordre.*

Maintenant que nous savons trouver un ensemble fondamental de
solutions pour l'équation différentielle homogène du second ordre
à coefficients constants $y'' + By' + Cy = 0$ il est temps de porter notre
attention sur la résolution de l'équation non homogène à
coefficient constants :

$y'' + By' + Cy = g(x)$ (1), avec $g(x)$ qui est la fonction dappui
continue sur un intervalle ouvert I des réels.

Avant de passer à la résolution d'une telle équation non homogène,
il y a le théorème important suivant sur la solution générale de
l'équation non homogène.

Soit $y'' + B(x)y' + C(x)y = g(x)$ l'équation diférentielle linéaire du second
ordre et $y'' + B(x)y' + C(x)y = 0$ l'équation différentielle homogène qui
lui est associée. Si $y_h(x) = c_1 y_1(x) + c_2 y_2(x)$ est la solution complémentaire
de l'équation homogène et y_p une solution particulière de
$y'' + B(x)y' + C(x)y = g(x)$, *alors* $y(x) = y_h(x) + y_p(x)$ est la solution
générale de l'équation non homogène $y'' + B(x)y' + C(x)y = g(x)$.

Ceci signifie que pour résoudre l'équation (1) à coefficients constants
$y'' + By' + Cy = g(x)$ nous devons trouver d'abord l'ensemble fondamental
{ $y_1(x), y_2(x)$} de l'équation homogène $y'' + By' + Cy = 0$ comme nous l'avons
appris dans les sections précédentes, ensuite il faut ajouter à la solution
complémentaire
$y_h(x) = c_1 y_1(x) + c_2 y_2(x)$, n'importe quelle solution particulière de
$y'' + By' + Cy = g(x)$ pour avoir la solution générale $y(x) = y_p(x) + y_h(x)$.

En résumé, on obtient solution de la l'équation (1) en ajoutant à la
solution complémentaire de l'équation homogène, une solution

particulière de l'équation non homogène.

Démonstration :

Pour la preuve de ce théoréme la partie directe est évidente, si y_p est une solution particulière

de $y''+By'+Cy=g(x)$ (1) et y_h la solution complémentaire de l'équation différentielle homogène associée.

$y_p + y_h$ est solution de $y''+By'+Cy=g(x)$. En remplaçant $y_p + y_h$ dans l'équation on voit qu'elle

est vérifiée par linéarité de l'opérateur différentiel puisque on a :

$$(y_p + y_h)'' +B(y_p + y_h)' +C(y_p + y_h) = y_p''+By_p'+Cy_p +y_h''+By_h'+Cy_h$$

mais $(y_p''+By_p'+Cy_p)+(y_h''+By_h'+Cy_h)=g(x)+0=g(x)$

Pour la partie indirecte si y_g est la solution générale et y_p n'importe quelle solution particulière de

$y''+By'+Cy=g(x)$ $y_g - y_p$ est alors solution de $y''+By'+Cy=0$. Car par hypothèse:

$$(y_g - y_p)'' +B(y_g - y_p)' +C(y_g - y_p)=(y_g''+By_g'+Cy_g)-(y_g''+By_g'+Cy_g)$$

$$(y_g''+By_g'+Cy_g)-(y_g''+By_g'+Cy_g)=g(x)-g(x)=0$$

$y_g - y_p$ est solution de l'équation homogène donc $y_g - y_p =c_1 y_1(x)+c_2 y_2(x)=y_h$

et $y_g = y_p + y_h$. Ce qui prouve le théorème.

Il existe deux méthodes pour trouver une solution particulière y_p de l'équation (1). La méthode de coefficients indéterminés, et la méthode de variation de paramètres. Chacune d'elle a ses avantages mais aussi ses limites comme nous le verrons dans les deux prochaines sections.

I) Recherche d'une solution particulière.

Méthode des coefficients indéterminés.

Un des avantages de cette méthode est la réduction de la recherche d'une solution particulière de l'équation différentielle linéaire non homogène du second ordre $y'' + By' + Cy = g(x)$ à un problème algébrique. Un autre avantage c'est que la solution générale de l'équation homogène correspondante n'est pas requise mais dans certains cas la forme de cette solution est requise. Cette méthode se limite cependant à une petite classe de fonctions d'appui g(x). Cette classe inclue la plupart de fonctions utilisées communément. La règle d'usage pour l'application de cette méthode est la suivante :

1) Si $g(x)$ est un polynôme de dégré n. $p_n(x) = \sum_{p=0}^{p=n} a_p x^p$, $a_n \neq 0$

une solution particulière est de la forme:

$y_p = \sum_{p=0}^{p=n} A_p x^p$, où les A_p sont des constantes à déterminer.

2) Si $g(x) = k e^{\alpha x}$, k et α constantes la solution particulière correspondante est: $y_p = A e^{\alpha x}$ A constante.

3) Si $g(x) = k_1 \sin(\beta x) + k_2 \cos(\beta x)$, la solution particulière correspondante est: $y_p = A \sin(\beta x) + B \cos(\beta x)$ A et B constantes et différentes de 0 même si k_1 ou k_2 égal 0.

Si $g(x)$ est le produit des termes considérés dans les trois cas précédents, y_p doit être égal au produit des solutions correspondantes et on doit combiner algébriquement les constantes, quand cela est possible.

Par exemple si $g(x) = e^{\alpha x} \sum_{p=0}^{p=n} a_p x^p$, y_p sera de la forme :

$e^{\alpha x} \sum_{p=0}^{p=n} A_p x^p$. Pour $g(x) = e^{\alpha x} \sin(\beta x) \sum_{p=0}^{p=n} a_p x^p$ ou $e^{\alpha x} \cos(\beta x) \sum_{p=0}^{p=n} a_p x^p$ *on prendra* :

$y_p = e^{\alpha x} \sin(\beta x) \sum_{p=0}^{p=n} A_p x^p + e^{\alpha x} \cos(\beta x) \sum_{p=0}^{p=n} B_p x^p$

Si $g(x)$ est la somme ou la différence des termes considérés dans les trois cas précédents, y_p sera aussi égal à la somme ou la différence des solutions, correspondantes, et on doit combiner algébriquement les constantes, quand cela est possible.

Si un ou des termes de g(x) apparaîssent aussi dans la solution de l'équation homogène correspodante, il faut modifier la solution y_p. On doit inclure dans y_p tous les produits du terme correspondant par x^m jusqu'au plus petit entier m, tel que les produits ainsi obtenus ne soient pas un terme commun avec la solution de l'équation homogène. Ainsi si $g(x) = x^3 e^x$ et que l'équation homogène a pour solution $c_1 e^x + c_2 x e^x$ on prendra pour y_p la somme de $A x^3 e^x$ et $B x^2 e^x$.

Il est inutile de prendre e^x et $x e^x$ car ce sont deux termes de la solution homogène qui par linéarité donneront des résultats nuls.

Exemple 1) Trouver la solution complète de l'équation différentielle non homogène y″-4y′-12y=sin(2x).

Cherchons d'abord la solution générale de l'équation homogène y″-4y′-12y=0 .L'equation caractéristique est m^2-4m-12=0 donc (m-6)(m+2)=0 alors $y_h = c_1 e^{6x} + c_2 e^{-2x}$.

comme $g(x)$ est de la forme sin(2x) et il n'y a aucun terme commun avec y_h. On chosira une solution particulière $y_p = A\cos(2x) + B\sin(2x)$.

En substituant y par y_p dans l'équation et en groupant on obtient $(-4A - 8B - 12A)\cos(2x) + (-4B + 8A - 12B)\sin(2x) = \sin(2x)$.

donc nous déduisons que $-16A - 8B = 0$ et $8A - 16B = 1$.

Ce système des deux équations à deux inconnues a pour solution

$$A = \frac{1}{40} \qquad B = \frac{-1}{20}.$$

Une solution particulière de cette équation est donc

$y_p = \frac{1}{40}\cos(2x) - \frac{1}{20}\sin(2x)$. *La* solution générale est d'après la théorie.

$$y_g = c_1 e^{6x} + c_2 e^{-2x} + \frac{1}{40}\cos(2x) - \frac{1}{20}\sin(2x)$$

.Exemple 2) Trouver la solution complète de l'équation différentielle non homogène y″-4y′-12y=$3e^{5x}$.

Nous notons que l'équation homogène associée est la même que dans l'exemple précédent qui a pour solution générale

$y_h = c_1 e^{6x} + c_2 e^{-2x}$. comme $g(x) = 3e^{5x}$ et na pas de terme commun avec y_h . Nous chercherons une solution particulière $y_p = Ae^{5x}$.

En substituant y par y_p dans l'équation et en groupant on obtient $25Ae^{5x} - 20Ae^{5x} - 12Ae^{5x} = 3e^{5x}$ ce qui donne $-7Ae^{5x} = 3e^{5x}$

donc $A = \frac{-3}{7}$ et $y_p = \frac{-3}{7}e^{5x}$ est une solution particulière de l'équation.

La solution générale est $y_g = y_p + y_h$. *C'est* à dire :

$$y_g = \frac{-3}{7}e^{5x} + c_1 e^{6x} + c_2 e^{-2x}.$$

.Exemple 3) Trouver une solution particulière de l'équation différentielle non homogène $y''(t)-4y'(t)-12y(t)=2t^3 - t + 3$

Nous notons que l'équation homogène associée est la même que dans l'exemple 1 et a pour solution générale:

$y_h(t) = c_1 e^{6t} + c_2 e^{-2t}$. La fonction d'appui $g(t) = 2t^3 - t + 3$ n'a aucun terme commun avec y_h.

Nous chercherons une solution particulière $y_p = At^3 + Bt^2 + Ct + D$.

En substituant y par y_p dans l'équation et en groupant on obtient

$6At + 2B - 4(3At^2 + 2Bt + C) - 12(At^3 + Bt^2 + Ct + D) = 2t^3 - t + 3.$

$-12At^3 + (-12A - 12B)t^2 + (6A - 8B - 12C)t + 2B - 4C - 12D = 2t^3 - t + 3.$

On doit poser donc:

$-12A = 2$ donc $A = -\dfrac{1}{6}$ $-12A - 12B = 0$ donc $B = \dfrac{1}{6}$.

$(6A - 8B - 12C) = -1$ ce qui donne $C = -\dfrac{1}{9}$

$2B - 4C - 12D = 3$ on déduit que $D = -\dfrac{5}{27}$

Une solution particulière de cette équation est donc

$y_p(t) = -\dfrac{1}{6}t^3 + \dfrac{1}{6}t^2 - \dfrac{1}{9}t - \dfrac{5}{27}$ et la solution générale est

$y_g(t) = -\dfrac{1}{6}t^3 + \dfrac{1}{6}t^2 - \dfrac{1}{9}t - \dfrac{5}{27} + c_1 e^{6t} + c_2 e^{-2t}.$

Exemple 4) Trouver une solution particulière de l'équation différentielle non homogène y″(t)-4y′(t)-12y(t)=te^{4t} *Nous* savons que

$y_h(t) = c_1 e^{6t} + c_2 e^{-2t}$ et $g(t) = 2t^3 - t + 3$ et n'a aucun terme en commun avec y_h.

Nous chercherons donc une solution particulière $y_p = C_1 e^{4t}(A_1 t + B_1)$.

En combinant cependant les constantes $y_p = e^{4t}(C_1 A_1 t + C_1 B_1)$.

donc $y_p = e^{4t}(At + B)$, avec $A = C_1 A_1$, $B = C_1 B$

En substituant y par y_p dans l'équation et en groupant on obtient

$e^{4t}(16At + 16B + 8A) - 4e^{4t}(4At + 4B + A) - 12e^{4t}(At + B) = te^{4t}$

$-12Ate^{4t} + (4A - 12B)e^{4t} = te^{4t}$

donc $-12A = 1 \rightarrow A = -\dfrac{1}{12}$ et $4A - 12B = 0 \rightarrow B = -\dfrac{1}{36}$.

Une solution particulière de cette équation est donc

$y_p = e^{4t}(-\dfrac{1}{12}t - \dfrac{1}{36}) = -\dfrac{1}{36}(3t + 1)e^{4t}$.

Exemple 5. Trouver la forme d'une solution particulière de y″-4y′-12y=$g(x)$ dans les cas suivants.

a) $g(x) = 16e^{7x}\sin(10x)$

b) $g(x) = (9x^2 - 13x)\cos(x)$

c) $g(x) = x^2\cos(x) - 5x\sin(x)$

d) $(x) = 5e^{-3x} + e^{-3x}\cos(x) - \sin(6x)$.

Nous savons par les exemples que nous avons donnés que la solution de l'équation homogène y″-4y′-12y = 0 est

$y_h = c_1 e^{-2t} + c_2 e^{6t}$.

a) la forme de la solution particulière est:

$y_p = e^{7x}A\sin(10x) + e^{7x}B\cos(10x)$.

b) $y_p = (Ax^2 + Bx + C)\cos(x) + (Dx^2 + Ex + F)\sin(x)$.

c) $y_p = (Ax^2 + Bx + C)\cos(x) + (Dx^2 + Ex + F)\sin(x)$

d) $y_p = Ae^{-3x} + Be^{-3x}\cos(x) + Ce^{-3x}\sin(x) + D\sin(6x) + E\cos(6x)$

II) Recherche d'une solution particulière.

Méthode de variation des paramètres.

Dans cette section nous allons étudier la méthode de variations de paramètres pour trouver une solution particulière de l'équation différentielle linéaire du second ordre non homogène à coefficients constants :

$y'' + By' + Cy = g(x)$. Cette méthode est plus générale que la méthode des coefficients indéterminés. Pour appliquer cette méthode il est indispensable de connaître la solution complémentaire de l'équation non homogène associée $y'' + By' + Cy = 0$. Aussi cette méthode nécessite l'intégration de deux fonctions et il n'est pas certain qu'on puisse le faire dans tous les cas. Supposons que :

$y_h = c_1 y_1(x) + c_2 y_2(x)$ est la solution complémentaire de $y'' + By' + Cy = 0$.
Nous savons dans ce cas, que $y_1(x)$ et $y_2(x)$ est un ensemble fondamental de deux solutions indépendantes, de l'équation homogène .
Par la méthode de variation de paramètres on assume qu' une solution
particulière est $y_p = v_1(x)y_1(x) + v_2(x)y_2(x)$ où $v_1(x)$ et $v_2(x)$ sont des fonctions de
x, à déterminer et qui vérifient le système de deux équations impliquant leur dérivées:
1)$v_1' y_1 + v_2' y_2 = 0$ et 2)$v_1' y' + v_2' y_2' = g(x)$.
Comme dans ce systéme les valeurs de $y_1(x)$ et $y_2(x)$ sont connues ainsi que $g(x)$, nous
pouvons trouver $v_1'(x)$ et $v_2'(x)$ et intégrer les fonctions ainsi obtenues pour déterminer
$v_1(x)$ et $v_2(x)$. On peut omettre cependant, la constante d'intégration puisqu'on cherche une
solutions particulière.

Nous allons établir les formules dans le cas général, pour trouver les valeurs de : $v_1(x)$ et $v_2(x)$

Par la règle de Cramer les solutions v_1' *et* v_2' du système à deux inconnues,

1) $v_1'y_1 + v_2'y_2 = 0$ et 2) $v_1'y' + v_2'y_2' = g(x)$ sont données par :

$$v_1' = \frac{\begin{pmatrix} 0 & y_2 \\ g(x) & y_2' \end{pmatrix}}{W(y_1, y_2)} = \frac{-y_2 g(x)}{y_1 y_2' - y_1' y_2} \text{ et } v_2' = \frac{\begin{pmatrix} y_1 & 0 \\ y_1' & g(x) \end{pmatrix}}{W(y_1, y_2)} = \frac{y_1 g(x)}{y_1 y_2' - y_1' y_2} \text{ avec } W(y_1, y_2) = y_1 y_2' - y_1' y_2.$$

Finalement sous la condition qu'on puisse trouver les intégrales de ces fonctions, nous obtenons les formules.

$$v_1(x) = -\int \frac{y_2(x)g(x)}{W(y_1, y_2)(x)} dx \text{ et } v_2(x) = \int \frac{y_1(x)g(x)}{W(y_1, y_2)(x)} dx \text{ ce qui donne une solution particulière}$$

de la forme. $y_p(x) = -y_1 \int \frac{y_2(x)g(x)}{W(y_1, y_2)(x)} dx + y_2 \int \frac{y_1(x)g(x)}{W(y_1, y_2)(x)} dx.$

Appliquons à présent ces formules à des exemples de résolution d'équations, cette méthode s'appliquent à un ensemble plus vaste de fonctions d'appui g(x), en fait la seule limitation de cette procédure est de pouvoir calculer les deux intégrales qu'elle génère.

Exemple 1.Trouver la solution générale de l'équation différentielle:

$2y''(x)+18y(x)=6\tan(3x)$.

Mettons cette équation sous la forme reconnaissable:

$y''(x)+9y(x)=3\tan(3x)$.L'équation caractéristique associée à $y''(x)+9y(x)=0$

est $m^2+9=0$ les racines complexes sont $3i$ et $-3i$.

La solution générale de $y''(x)+9y(x)=0$ est donc :

$y_h(x)=c_1\cos(3x)+c_2\sin(3x)$ et $\cos(3x),\ \sin(3x)$ sont les deux solutions fondamentales.

$$W(y_1,y_2)=\det\begin{pmatrix}\cos(3x) & \sin(3x)\\ -3\sin(3x) & 3\cos(3x)\end{pmatrix}=3$$

En utilisant la formule démontrée :

$$y_p(x)=-y_1(x)\int\frac{y_2g(x)}{W(y_1,y_2)}dx+y_2(x)\int\frac{y_1g(x)}{W(y_1,y_2)}dx.$$

$$\text{on a } y_p(x)=-\cos(3x)\int\frac{3\sin(3x)\tan(3x)}{3}dx+\sin(3x)\int\frac{3\cos(3x)\tan(3x)}{3}dx$$

$$y_p(x)=-\cos(3x)\int\frac{\sin^2(3x)}{\cos(3x)}dx+\sin(3x)\int\sin(3x)dx.$$

$$y_p(x)=-\cos(3x)\int\frac{1-\cos^2(3x)}{\cos(3x)}dx+\sin(3x)\int\sin(3x)dx$$

$$y_g(x)=-\cos(3x)[\int\sec(3x)dx-\int\cos(3x)dx]+\sin(3x)\int\sin(3x)dx.$$

$$y_p(x)=\frac{-\cos(3x)}{3}[\ln|\sec(3x)+\tan(3x)|-\sin(3x)]+\sin(3x).(-\frac{1}{3}\cos(3x))$$

$$y_p(x)=\frac{-\cos(3x)}{3}[\ln|\sec(3x)+\tan(3x)|.$$

La solution générale est donc :

$$y_g=c_1\cos(3x)+c_2\sin(3x)-\frac{\cos(3x)}{3}[\ln|\sec(3x)+\tan(3x)|$$

Exemple 2. trouver la solution générale de l'équation différentielle

$$y'' - 2y' + y = \frac{e^x}{x^2 + 1}.$$

L'équation caractéristique associée à $y'' - 2y' + y$ est

$m^2 - 2m + 1 = 0$ donc $y_1(x) = e^x$ et $y_2(x) = xe^x$ forment un ensemble fondamental de solutions pour l'équation homogène.

$$W(e^x, xe^x) = \det\begin{pmatrix} e^x & xe^x \\ e^x & xe^x + e^x \end{pmatrix} = xe^{2x} + e^{2x} - xe^{2x} = e^{2x} \neq 0$$

$$y_p = -e^x \int \frac{e^x xe^x}{(x^2+1)e^{2x}} dx + xe^x \int \frac{e^x e^x}{(x^2+1)e^{2x}} dx$$

$$y_p = -e^x \int \frac{x}{(x^2+1)} dx + xe^x \int \frac{1}{(x^2+1)} dx$$

$$y_p = -\frac{1}{2} e^x \ln(1 + x^2) + xe^x \tan^{-1}(x).$$

La solution générale est :

$$y_g = c_1 e^x + c_2 xe^x - \frac{1}{2} e^x \ln(1 + x^2) + xe^x \tan^{-1}(x).$$

Exemple 3. trouver la solution générale de l'équation différentielle $xy'' - (x+1)y' + y = x^2$ $x \neq 0$. Sachant que $y_1(x) = e^x$ et $y_2(x) = x+1$ est un ensemble fondamental de solutions de l'équation homogène associée.

Premièrement réécrivons équation comme $y'' - (1 + \frac{1}{x})y' + \frac{y}{x} = x, x \neq 0$

$$W(e^x, x+1) = \det \begin{pmatrix} e^x & x+1 \\ e^x & 1 \end{pmatrix} = -xe^x \neq 0, car \ x \neq 0.$$

$y_p = -e^x \int \frac{(x+1)x}{-xe^x}dx + (x+1)\int \frac{xe^x}{-xe^x}dx$

$y_p = e^x \int (x+1)e^{-x}dx - (x+1)\int 1dx$

$y_p = e^x (\int xe^{-x}dx + \int e^{-x}dx) - (x+1)\int 1dx$

$y_p = e^x [(-xe^{-x} - e^{-x}) - e^{-x}] - (x+1)x$

$y_p = e^x [(-xe^{-x} - e^{-x}) - e^{-x}] - (x+1)x = -x - 2 - x^2 - x = -x^2 - 2x - 2$

Donc la solution générale de l'équation est

$y_g = c_1 e^x + c_2(x+1) - x^2 - 2x - 2$

Remarquons que quelque soit le choix des fonctions $y_1(x), y_2(x)$ pour désigner les deux solutions fondamentales, nous obtiendrons toujours la même réponse, pour la solution

particulière.

E) Equations d'Euler du second ordre.

Dans cette section, nous allons apprendre à résoudre un autre type d'équation différentielle du second ordre avec coefficients variables. Nous chercherons les solutions de

$$x^2 y'' + bxy' + cy = 0$$

Une telle équation est appelée équation d'Euler du second ordre.

Cas $x > 0$

La démarche pour résoudre $x^2 y'' + bxy' + cy = 0$ $x > 0$ *consiste* à transformer cette équation, en une équation à coéfficients constants.

Posons le *changement* de variable $t = \ln(x)$ ou $x = e^t$.

Soit $\phi(t) = \phi(\ln(x)) = y(x)$. Par la régle de différentiation en chaîne.

$$y' = \frac{dy}{dx} = \frac{d\phi}{dt}\frac{dt}{dx} = \frac{1}{x}\frac{d\phi}{dt} \qquad y'' = \frac{d^2 y}{dx^2} = -\frac{1}{x^2}\frac{d\phi}{dt} + \frac{1}{x^2}\frac{d^2\phi}{dt^2}.$$

Remplaçons à présent les valeurs obtenues pour y' et y'', *dans* notre

équation: nous obtenons $\dfrac{d^2\phi}{dt^2} - \dfrac{d\phi}{dt} + b\dfrac{d\phi}{dt} + c\phi(t) = 0$.

donc $\dfrac{d^2\phi}{dt^2} + (b-1)\dfrac{d\phi}{dt} + c\phi(t)=0$ qui est une équation différentielle

linéaire homogène du second ordre à coéfficients constants

l'équation caractéristique étant $m^2 + (b-1)m + c = 0$, *nous* savons

qu'il y a trois possibilités:

1) Solutions réelles distinctes $m_1 \neq m_2 : e^{m_1 t}$ et $e^{m_2 t}$ est un ensemble fondamental de solutions or $e^{m_1 t} = (e^t)^{m_1} = x^{m_1}$ et $e^{m_2 t} = (e^t)^{m_1} = x^{m_2}$.

donc la solution générale est $c_1 x^{m_1} + c_2 x^{m_2}$

Exemple 1 : Résoudre l'équation différentielle;

$2x^2 y'' + 3xy' - 15y = 0.$ $x > 0$

$2x^2 y'' + 3xy' - 15y = 0$ ou $x^2 y'' + \dfrac{3}{2}xy' - \dfrac{15}{2}y = 0$.

Posons $t = \ln(x)$ et $\phi(t) = \phi(\ln x) = y(x)$ l'équation devient:

$\dfrac{d^2\phi}{dt^2} + (b-1)\dfrac{d\phi}{dt} + c\phi(t)=0$ ce qui donne $\dfrac{d^2\phi}{dt^2} + \dfrac{1}{2}\dfrac{d\phi}{dt} - \dfrac{15}{2}\phi(t)=0$

Son équation caractéristique est $m^2 + \dfrac{1}{2}m - \dfrac{15}{2} = 0$ qui se factorise

comme $(m - \dfrac{5}{2})(m + 3) = 0$. *La* solution générale de cette équation

d'Euler est : $y_h = c_1 x^{-3} + c_2 x^{\frac{5}{2}}$.

2)*Racines* double réelle $m_1 = m_2$

Dans ce cas les solutions fondamentales de l'équation différentielle sont

$e^{m_1 t}$ et $te^{m_1 t}$ ou $(e^t)^{m_1}$ et $t(e^t)^{m_1}$. *Comme* $x = e^t$ donc $y_h = c_1 x^{m_1} + c_2 x^{m_1} \ln(x)$.

Exemple 2:Résoudre l'équation différentielle :

$x^2 y'' + 5xy' + y = 0$ $x > 0$.

Posons t=ln(x) et $\phi(t) = \phi(\ln(x)) = y(x)$ l'équation devient

$\dfrac{d^2\phi}{dt^2} + (b-1)\dfrac{d\phi}{dt} + c\phi(t)=0$ ce qui donne $\dfrac{d^2\phi}{dt^2} + 4\dfrac{d\phi}{dt} + \phi(t)=0$

Son équation caractéristique est $m^2 + 4m + 1 = 0$ qui se factorise

comme $(m-2)(m-2) = 0$. On a donc racine double m=2

La solution générale de cette équation d'Euler est : $y_h = c_1 e^{2t} + c_2 t e^{2t}$.

or $x = e^t$ ce qui donne en termes de x $y_h = c_1 x^2 + c_2 \ln(x)x^2$.

3)Racines complexes et conjuguées.

si $m_1 = a + ib$ et $m_2 = a - ib$ sont les racines complexes de l'équation

caractéristique nous savons que l'équation différentielle homogène

associée à cette équation caractéristique a pour solutions fondamentales

$e^{at}\cos(bt)$ et $e^{at}\sin(bt)$ donc en termes de $x = e^t$ la solution générale

est $y_h(x) = c_1 x^a \cos(b \ln(x)) + c_2 x^a \sin(b \ln(x))$.

Exemple 3:Résoudre l'équation différentielle;

$x^2 y'' + 3xy' + 4y = 0$ $x > 0$

$x^2 y'' + 3xy' + 4y = 0$.

Posons t=ln(x) donc $x = e^t$ et $\phi(t) = \phi(\ln(x)) = y(x)$ l'équation devient

$\dfrac{d^2\phi}{dt^2} + (b-1)\dfrac{d\phi}{dt} + c\phi(t)=0 \rightarrow \dfrac{d^2\phi}{dt^2} + 2\dfrac{d\phi}{dt} + 4\phi(t)=0$

Or $m^2 + 2m + 4 = 0$ a deux racines complexes, $\dfrac{-2 \pm 2i\sqrt{3}}{2}$

donc $m_1 = -1 + i\sqrt{3}, m_2 = -1 - i\sqrt{3}$

La solution générale de cette équation d'Euler est

$y_h = c_1 x^{-1} \cos(\sqrt{3}\ln(x)) + c_2 x^{-1} \sin(\sqrt{3}\ln(x))$.

Cas $x < 0$.

Soit à résoudre l'équation d'Euler $x^2 y'' + bxy' + cy = 0$ pour x<0.

Posons une nouvelle variable $\eta = -x$ et y(x)=s(η), *la* derivation en chaîne donne :

y'(x)=-s'(η) et y''(x)=s''(η). On peut donc réécrire l'équation d'Euler comme

$(-\eta)^2 s''(\eta) + b(-\eta)(-s'(\eta) + cs(\eta) = 0$ ou $\eta^2 s''(\eta) + b\eta s'(\eta) + cs(\eta) = 0$.

C'est de nouveau l'équation d'Euler *en* la variable $\eta > 0$.

Comme dans le premier cas les solutions peuvent être trouvées en fonction de η et

de la nature des racines de l'équation caractéristique. Puisque $\eta = -x = |x|$, nous pouvons

donner la solution générale de l'équation d'Euler *pour* x non nul.

$c_1 |x|^{m_1} + c_2 |x|^{m_2}$ dans le cas des racines réelles distinctes m_1 et m_2.

$c_1 |x|^{m_1} + c_2 |x|^{m_1} \ln(|x|)$ dans le cas $m_1 = m_2$.

$c_1 |x|^a \cos(b\ln(|x|)) + c_2 |x|^a \sin(b\ln(|x|))$ dans le cas de deux racines complexes conjuguées $a \pm ib$.

Exercices de fin de chapitre III.

I-Equations homogènes du second degré.

Donner les solutions générales des équations différentielles.

Montrer les détails de votre démarche.

1) $y'' - y' - 2y = 0$

2) $y'' - 7y' = 0$

3) $y'' + 4y = 0$

4) $y'' - 3y' + 4y = 0$

5) $y'' - 8y' + 16y = 0$

II-Solutionner les équations différentielles suivantes par la méthode des coéfficients indeterminés

1) $y'' - y' - 2y = 4x^2$

2) $y'' - y' - 2y = \sin(2x)$

3) $y'' - 6y' + 25y = e^{-5x}$

4) $y'' - 2y' + y = x^2 - 1$

5) $y'' - 2y' + y = 2\sin(\frac{x}{2}) - \cos(\frac{x}{2})$

III-Résoudre les équations suivantes par la méthode de variations de paramètres.

1) $y'' + 2y' + y = \dfrac{e^x}{x^5}$

2) $y'' - y' - 2y = e^{3x}$

3) $y'' + \dfrac{1}{x}y' - \dfrac{1}{x^2}y = \ln(x)$ si x et $\dfrac{1}{x}$ forment un ensemble fondamental de solutions de l'équation homogène.

IV) *Résoudre les équations d'Euler suivantes:*

1) $x^2 y'' + 5 x y' + y = 0$

2) $x^2 y'' - 3 x y' - 5 y = 0$

3) $x^2 y'' + 3 x y' + 2 y = 0$

Chapitre IV. Equations différentielles linéaires d'ordre n.

A) Théorie des solutions

Comme nous allons voir dans ce chapitre consacré aux équations différentielles d'ordre supérieur à 2, le contenu intégral des connaissances qui ont été développées pour les équations différentielles du second degré, s'étend aussi aux équations d'ordre n.

L'équation générale différentielle linéaire d'ordre n, est de la forme :

$$y^{(n)} + p_{n-1}(x) y^{(n-1)} + \ldots + p_1(x) y' + p_0(x) y = g(t). \quad (1)$$

.

Les conditions initiales pour une telle équation sont les n conditions :

$$y(x_0) = k_0 \quad y'(x_0) = k_1 \ldots \ldots y^{(n-1)}(x_0) = k_{n-1}. \quad (2)$$

Comme pour le second ordre, nous avons le théorème d'existence de la solution vérifiant les conditions initiales.

Théorème 4.1. Supposons que $p_0(x), p_1(x) \ldots p_{n-1}(x)$ et $g(t)$ sont continues dans un intervalle ouvert I contenant le point x_0, alors il existe une solution unique de l'équation différentielle (1) vérifiant les conditions initiales données par (2) sur l'intervalle ouvert I.

On a aussi le théorème du Wronskien pour les solutions de l'équation homogène à coéfficients constants comme pour le second ordre.

Théorème 4.2 : Si i $y_1(x), y_2(x)....y_n(x)$ sont les n solutions de l'équation homogène à coefficients constants :

$$y^{(n)} + P_{n-1} y^{(n-1)} + \ldots + P_1 y' + P_0 y = 0.$$

Si $W(y_1(x), y_2(x)....y_n(x)) \neq 0, \forall x \in I$ alors $y_1(x), y_2(x)....y_n(x)$ forment un ensemble fondamental de solutions indépendantes et la solution complémentaire de l'équation homogène, s'écrit :

$$y_h(x) = c_1 y_1(x) + c_2 y_2(x) + \ldots + c_n y_n(x).$$

Nous finirons cette section en rappelant le théorème de la solution générale.

Théorème 4.3 :

Si y_h est la solution complémentaire de l'équation homogène $y^{(n)} + P_{n-1} y^{(n-1)} + \ldots + P_1 y' + P_0 y = 0$ et y_p une solution particulière de l'équation non-homogène :

$$y^{(n)} + P_{n-1} y^{(n-1)} + \ldots + P_1 y' + P_0 y = g(t).$$

La solution générale de l'équation non homogène est donnée par :
$y(x) = y_h(x) + y_p(x)$ c'est à dire, $y(x) = c_1 y_1(x) + c_2 y_2(x) + \ldots + c_n y_n(x) + y_p(x)$ où $y_1(x), y_2(x), \ldots y_n(x)$ est un ensemble fondamental de solutions de l'équation homogène.

B) Résolution de l'équation linéaire homogène d'ordre n à coefficients constants.

Comme pour le second ordre on ne peut résoudre l'équation différentielle d'ordre n, sans résoudre en premier l'équation homogène qui lui est associée :

$y^{(n)} + a_{n-1} y^{(n-1)} + \ldots\ldots + a_1 y' + a_o y = 0$, les $a_i, i = 0, \ldots n-1$ constantes. Comme nous l'avons fait pour le second degré, si on cherche les solutions fondamentales de la forme e^{mx}, en remplaçant e^{mx} dans l'équation. Nous obtenons :

$e^{mx}(a_n m^n + a_{n-1} m^{n-1} + \ldots\ldots + a_1 m + a_o) = 0 \rightarrow a_n m^n + a_{n-1} m^{n-1} + \ldots\ldots + a_1 m + a_o = 0 \cdot$

La condition pour que de telles solutions existent est que m soit solution de l'équation caractéristique associée :

$a_n m^n + a_{n-1} m^{n-1} + \ldots\ldots + a_1 m + a_o = 0$. On sait que pour n>2, ce polynôme peut posséder des racines complexes ou réelles soit distinctes ou de multiplicité k. Tous les cas peuvent exister en même temps, nous allons discuter donc la solution qu'on obtient pour ces différents cas, et combiner ces solutions pour former n solutions linéairement indépendantes.

Voici donc les différentes possibilités.

Racines réelles et distinctes : $m_1, m_2, \ldots m_n$ alors

$e^{m_1 x}$, $e^{m_2 x}$ . . . . $e^{m_n x}$

est l'ensemble fondamental des solutions de l'équation. Si une racine réelle m_k est de multiplicité k la solution fondamentale correspondante est :

$$e^{m_k x}, \quad x\, e^{m_1 x}, \quad \ldots \ldots x^{k-1} e^{m_1 x}$$

.S'il y a des racines complexes conjuguées de multiplicité 1 m=a±ib , les solutions fondamentales correspondantes sont : $e^{ax}\cos(bx),\ e^{ax}\sin(bx)$ pour chaque racine complexe. Si une racine complexe est de multiplicité k, $m_k = a_k + ib_k$ on l'associera alors avec les 2k, solutions réelles fondamentales :

$$e^{a_k x}\cos(b_k x), xe^{a_k x}\cos(b_k x), x^2 e^{a_k x}\cos(b_k x),\ldots x^{k-1}e^{a_k x}\cos(b_k x)$$
$$e^{a_k x}\sin(b_k x), xe^{a_k x}\sin(b_k x), x^2 e^{a_k x}\sin(b_k x),\ldots x^{k-1}e^{a_k x}\sin(b_k x).$$

Dans les exemples de résolution qui suivent, le polynôme caractéristique sera au moins de degré 3. Si n>3, trouver les racines des tels polynômes s'avère une tâche difficile et longue. Quand, dans des nombreux cas, les racines sont irrationnelles, il est presque alors impossible de les trouver manuellement. Dans la pratique, on doit employer un logiciel comme Maple, ou Mathématica pour la recherche systématique de ces racines.

Exemple 1:Résoudre l'équation différentielle suivante.

$y^{(3)} - 5y'' - 22y' + 56y = 0.$

L'équation caractéristique est $m^3 - 5m^2 - 22m + 56 = 0.$

Par inspection, 2 est solution de l'équation car 8-20-44+56=0 donc

$m^3 - 5m^2 - 22m + 56 = (m-2)(m^2 - 3m - 28)$

$m^3 - 5m^2 - 22m + 56 = (m-2)(m-7)(m+4).$ Il existe donc 3 racines réelles et distinctes 2,7 et -4 correspondant à l'ensemble des solutions fondamentales $e^{2x}, e^{7x}, e^{-4x}.$ La solution générale est $y_h = c_1 e^{2x} + c_2 e^{7x} + c_3 e^{-4x}.$

Exemple 2.Résoudre l'équation différentielle donnée.

$2y^{(4)} + 11y^{(3)} + 18y'' + 4y' - 8y = 0.$ L'équation caractéristique associée est: $2m^4 + 11m^3 + 18m^2 + 4m - 8 = 0.$ Par inspection m=-2 est solution donc après division par (m+2)

$2m^4 + 11m^3 + 18m^2 + 4m - 8 = (m+2)(2m^3 + 7m^2 + 4m - 4).$

$or\ 2m^3 + 7m^2 + 4m - 4 = 2m^3 + 8m^2 - m^2 + 8m - 4m - 4$

$2m^3 - m^2 + 8m^2 - 4m + 8m - 4 = (2m-1)(m^2 + 4m + 4) = (2m-1)(m+2)^2$

d'où $2m^4 + 11m^3 + 18m^2 + 4m - 8 = (2m-1)(m+2)^3.$

$L'équation$ caractéristique est de dégré 4 et admet des solutions réelles -2 de multiplicité 3 et $\frac{1}{2}$ de multiplicité 1.

La solution générale est générée par l'ensemble fondamental des quatres solutions $e^{\frac{1}{2}x}, e^{-2x}, xe^{-2x}, x^2e^{-2x}$ d'où $y_h = c_1 e^{\frac{1}{2}x} + c_2 e^{-2x} + c_3 xe^{-2x} + c_4 x^2 e^{-2x}$

Exemple 3:Résoudre l'équation différentielle:

$$y^{(5)} + 12y^{(4)} + 104y^{(3)} + 408y'' + 1156y' = 0.$$

L'équation caractéristique est : $m^5 + 12m^4 + 104m^3 + 408m^2 + 1156m = 0$.

$m^5 + 12m^4 + 104m^3 + 408m^2 + 1156m = m(\ m^4 + 12m^3 + 104m^2 + 408m + 1156)$

$m(\ m^4 + 12m^3 + 104m^2 + 408m + 1156) = m[(m^2 + 6m)^2 + 68(m^2 + 6m) + 34^2]$

donc $m^5 + 12m^4 + 104m^3 + 408m^2 + 1156m = m(m^2 + 6m + 34)^2$. Il existe une solution

réelle m=0 et deux racines complexe conjuguées solution de $m^2 + 6m + 34 = 0$,

$m = -3 \pm 5i$ chacune de multiplicité deux, la solution générale est donc :

$$y_h(x) = c_1 + c_2 e^{-3x} \cos(5x) + c_3 x e^{-3x} \cos(5x) + c_4 e^{-3x} \sin(5x) + c_5 x e^{-3x} \sin(5x).$$

Exemple 4.Résoudre l'équation différentielle .

$$y^{(5)} - 15y^{(4)} + 84y^{(3)} - 220y'' + 275y' - 125y = 0$$

L'équation caractéristique associée est :

$m^5 - 15m^4 + 84m^3 - 220m^2 + 275m - 125 = 0$. Par inspection,1 et 5 sont des

solutions, donc $m^5 - 15m^4 + 84m^3 - 220m^2 + 275m - 125 = (m-1)(m-5)(m^3 - 5m^2 - 4m^2 + 20m + 5m - 25)$.

$= (m-1)(m-5)(m-5)(m^2 - 4m + 5) = (m-1)(m-5)^2(m^2 - 4m + 5)$

Cette équation admet la racine réelle simple 1 ainsi que la racine réelle 5 de multiplicité deux,

et deux racines complexes et conjuguées m=2±i.

La solution générale est $y_h = c_1 e^x + c_2 e^{5x} + c_3 x e^{5x} + c_4 e^{2x} \cos(x) + c_5 e^{2x} \sin(x)$.

Exemple 5:Résoudre l'équation différentielle suivante. $y^{(4)} + 16y = 0$

Equation caractéristique: $m^4 + 16 = 0 \rightarrow m^4 = -16$ ou $m^4 = 16i^2$

On doit trouver la racine d'ordre 4 de -16. sur l'ensemble C des nombres complexes,il y a quatres racines qui sont

deux à deux des conjuguées. Cette équation se résout sur C de la façon suivante : $m^4 = 16e^{j(\pi + 2k\pi)}$ $k \in Z$.

et $m = \sqrt[4]{16} e^{i(\frac{\pi}{4} + k\frac{\pi}{2})}$.Pour k=0,1,2,3. Ce qui correspond aux quatres solutions.

$k = 0 \rightarrow m = 2(\cos(\frac{\pi}{4}) + i\sin(\frac{\pi}{4})) = \sqrt{2} + i\sqrt{2}$.

$k = 1 \rightarrow m = 2(\cos(\frac{3\pi}{4}) + i\sin(\frac{3\pi}{4})) = -\sqrt{2} + i\sqrt{2}$.

$k = 2 \rightarrow m = 2(\cos(\frac{5\pi}{4}) + i\sin(\frac{5\pi}{4})) = -\sqrt{2} - i\sqrt{2}$.

$k = 3 \rightarrow m = 2(\cos(\frac{7\pi}{4}) + i\sin(\frac{7\pi}{4})) = \sqrt{2} - i\sqrt{2}$.

La solution générale est donc $y_h = c_1 e^{x\sqrt{2}} \cos(x\sqrt{2}) + c_2 e^{x\sqrt{2}} \sin(x\sqrt{2}) + c_3 e^{-x\sqrt{2}} \cos(x\sqrt{2}) + c_4 e^{-x\sqrt{2}}(\sin x\sqrt{2})$.

C) *Résolution de l'équation différentielle linéaire non homogène d'ordre n. On peut déterminer une solution particulière de l'équation différentielle non homogène :*

$$y^{(n)} + a_{n-1}(x)\,y^{(n-1)} + \ldots\ldots + a_1(x)\,y' + a_0(x)\,y = g(x)$$

par deux méthodes :

1) Coefficients indéterminés

Soit $y^{(n)} + a_{n-1}(x)y^{(n-1)} + \ldots\ldots + a_1(x)y' + a_0(x)y = g(x)$

Si $g(x)$ est une fonction exponentielle, polynômiale, sinus, cosinus ou un somme différence ou produit des ces fonctions. Nous pouvons trouver une solution particulière de l'équation en suivant la même méthode des coéfficients indeterminés que nous avons étudiée dans le cas de l'équation non homogène d'ordre deux.

Comme le travail est identique, un seul exemple sera suffisant dans cette section.

75

Exemple 1: Soit à trouver la solution de l'équation différentielle .

$y^{(3)} - 12y'' + 48y' - 64y = 12 - 32e^{-8x} + 2e^{4x}$.

Résolvons en premier l'équation homogéne qui a pour équation
caractéristique : $m^3 - 12m + 48m - 64 = 0$.

$m^3 - 12m^2 + 48m - 64 = m^3 - 4m^2 - 8m^2 + 32m + 16m - 64$

$m^3 - 4m^2 - 8m^2 + 32m + 16m - 64 = m^2(m-4) - 8m(m-4) + 16(m-4)$

$= (m-4)(m^2 - 8m + 16) = (m-4)^3$. Donc $m^3 - 12m + 48m - 64 = (m-4)^3$.

L'équation caractéristique a donc une racine réelle, 4 de multiplicité 3 donc

$y_h = c_1 e^{4x} + c_2 x e^{4x} + c_3 x^2 e^{4x}$.

comme e^{4x} fait partie de la solution générale et apparaît aussi dans

g(x)=$12 - 32e^{-8x} + 2e^{4x}$.

On choisira une solution particulière de la forme $y_p = Be^{-8x} + Cx^3 e^{4x}$ On a:

$y_h' = -8Be^{-8x} + 4cx^3 e^{4x} + 3cx^2 e^{4x}$,

$y_h'' = 64Be^{-8x} + 16cx^3 e^{4x} + 24cx^2 e^{4x} + 6xce^{4x}$.

$y_h''' = -512Be^{-8x} + 64\ cx^3 e^{4x} + 144cx^2 e^{4x} + 72xce^{4x} + 6c\ e^{4x}$.

Le calcul restant consiste à remplacer dans l'équation les trois dérivées
et simplifier pour obtenir:

$-512Be^{-8x} + 64\ cx^3 e^{4x} + 144cx^2 e^{4x} + 72xce^{4x} + 6c\ e^{4x}$

$-12(64Be^{-8x} + 16cx^3 e^{4x} + 24cx^2 e^{4x} + 6xce^{4x}) + 48(-8Be^{-8x} + 4cx^3 e^{4x} + 3cx^2 e^{4x})$

$-64(A + Be^{-8x} + Cx^3 e^{4x}) = 12 - 32e^{-8x} + 2e^{4x}$.

ce qui donne : $-64A - 1728Be^{-8x} + 6Ce^{4x} = 12 - 32e^{-8x} + 2e^{4x}$.

En comparant les coéfficients: -64A=12donc A=$-\frac{3}{16}$ et -1728B=-32

donc $B = \frac{1}{54}$ $6C = 2$ et $C = \frac{1}{3}$.

Alors $y_p = -\frac{3}{16} + \frac{1}{54}e^{-8x} + \frac{1}{3}x^3 e^{4x}$ et la solution générale est :

$y_g(x) = c_1 e^{4x} + c_2 x e^{4x} + c_3 x^2 e^{4x} - \frac{3}{16} + \frac{1}{54}e^{-8x} + \frac{1}{3}x^3 e^{4x}$

2) Variation de Paramètres.

Pour trouver par variation de paramètres, une solution particulière de
l'équation   différentielle   d'ordre   n

: $y^{(n)} + p(x)_{n-1} y^{(n-1)} + ... + p_1(x)y' + p_0(x)y = g(x)$.

(forme normalisée). Nous devons chercher une solution de la forme :

$y(x) = v_1(x)y_1(x) + v_2(x)y_2(x) + ... + v_n(x)y_n(x)$ où les $y_1(x), y_2(x), ... y_n(x)$
est l'ensemble fondamental des n solutions indépendantes de l'équation
homogène $y'' + p_{n-1}(x)y^{n-1} + ... + p_1(x)y' + p_0(x)y = 0$.

Les $v_1(x), v_2(x) ... v_n(x)$ sont des fonctions de x à déterminer, mais qui satisfont

$v_1' y_1' + v_2' y_2' + ... v_n' y_n' = 0$

$v_1' y_1'' + v_2' y_2'' + ... v_n' y_n'' = 0$

.

.

.

$v_1' y_1^n + v_2' y_2^n + ... v_n' y_n^n = g(x).$

Utilisons la règle de Cramer pour résoudre ce système et trouver les valeurs

de v_i' $i = 1, 2 ... n$. Nous obtenons :

$$v_i' = \frac{dert\begin{pmatrix} y_1 & 0... & y_n \\ \vdots y_1' & 0 \cdot\cdot & \vdots y_n' \\ y_1^{n-1} & g(x)\cdots & y_n^{n-1} \end{pmatrix}}{W(y_1, y_2 .. y_n)}$$ ou $W(y_1, y_2 .. y_n)$ est par définition

le wronskien des n solutions fondamentales par conséquent $\neq 0$, et le numerateur
de chaque v_i est egal au deteminant de la matrice du wronskien où on a remplacé
la ième colonne par la colonne $(0,0,0...,0,g(x))$ donc pour tout i, nous avons aussi
dans ce cas:

$$dert\begin{pmatrix} y_1 & 0... & y_n \\ \vdots y_1' & 0\cdot\cdot & \vdots y_n' \\ y_1^{n-1} & g(x)\cdots & y_n^{n-1} \end{pmatrix} = g(x) dert\begin{pmatrix} y_1 & 0... & y_n \\ \vdots y_1' & 0\cdot\cdot & \vdots y_n' \\ y_1^{n-1} & 1\cdots & y_n^{n-1} \end{pmatrix}$$

On déduit que :

$$v_1' = \frac{g(x)W_1(x)}{W(y_1, y_2..y_n)(x)}, v_2' = \frac{g(x)W_2(x)}{W(y_1, y_2..y_n)(x)},$$

$$v_n' = \frac{g(x)W_n(x)}{W(y_1(x), y_2(x)..y_n(x)}$$

où W_i est egal au deteminant de la matrice du wronskien où on a remplacé la ième colonne par $(0,0,0,...,1)$. En intégrant ensuite chaque terme

$$v_1(x) = \int \frac{g(x)W_1(x)}{W(y_1, y_2..y_n)(x)} dx, \ v_2 = \int \frac{g(x)W_2(x)}{W(y_1, y_2..y_n)(x)} dx, \ ...$$

$$v_n = \int \frac{g(x)W_n(x)}{W(y_1, y_2..y_n)(x)} dx.$$

Exemple 1. Résoudre l'équation différentielle suivante.

$y^{(3)} - 2y'' - 21y' - 18y = 3 + 4e^{-x}$

Equation caractéristique $m^3 - 2m^2 - 21m - 18 = 0$. Par inspection -1 est solution car:-1-2+21-18=0. Après division par (m+1).

$m^3 - 2m^2 - 21m - 18 = (m+1)(m^2 - 3m - 18) = (m+1)(m-6)(m+3)$.

l'ensemble fondamental des solutions est e^{-3x}, e^{-x}, e^{6x}.

$$W(e^{-3x}, e^{-x}, e^{6x}) = dert \begin{pmatrix} e^{-3x} & e^{-x} & e^{6x} \\ -3e^{-3x} & -e^{-x} & 6e^{6x} \\ 9e^{-3x} & e^{-x} & 36e^{6x} \end{pmatrix} = e^{-3x}e^{-x}e^{6x} dert \begin{pmatrix} 1 & 1 & 1 \\ -3 & -1 & 6 \\ 9 & 1 & 36 \end{pmatrix}$$

$$W(e^{-3x}, e^{-x}, e^{6x}) = e^{2x}(1(-42) - 1(-108 - 54) + 1(6)) = 126e^{2x}$$

$$W_1 = dert \begin{pmatrix} 0 & e^{-x} & e^{6x} \\ 0 & -e^{-x} & 6e^{6x} \\ 1 & e^{-x} & 36e^{6x} \end{pmatrix} = 7e^{5x}, W_2 = dert \begin{pmatrix} e^{-3x} & 0 & e^{6x} \\ -3e^{-3x} & 0 & 6e^{6x} \\ 9e^{-3x} & 1 & 36e^{6x} \end{pmatrix} = -9e^{3x}$$

$$W_3 = dert \begin{pmatrix} e^{-3x} & e^{-x} & o \\ -3e^{-3x} & -e^{-x} & o \\ 9e^{-3x} & e^{-x} & 1 \end{pmatrix} = 2e^{-4x}.$$

$$v_1 = \int \frac{(3 + 4e^{-x})7e^{5x}}{126e^{2x}} dx = \frac{1}{18} \int (3e^{3x} + 4e^{2x}) dx = \frac{1}{18}(e^{3x} + 2e^{2x}).$$

$$v_2 = \int \frac{(3 + 4e^{-x}) - 9e^{3x}}{126e^{2x}} dx = -\frac{1}{14} \int (3e^x + 4) dx = -\frac{1}{14}(3e^x + 4x).$$

$$v_3 = \int \frac{(3 + 4e^{-x})2e^{-4x}}{126e^{2x}} dx = \frac{1}{63} \int (3e^{-6x} + 4e^{-7x}) dx = \frac{1}{63}(-\frac{1}{2}e^{-6x} - \frac{4}{7}e^{-7x}).$$

Une solution particulière de l'équation donnée est:

$y_p = v_1 y_1 + v_2 y_2 + v_3 y_3$

$$y_p(x) = \frac{1}{18}(e^{3x} + 2e^{2x})e^{-3x} + -\frac{1}{14}(3e^x + 4x)e^{-x} + \frac{1}{63}(-\frac{1}{2}e^{-6x} - \frac{4}{7}e^{-7x})e^{6x}$$

L'expression simplifiée de $y_p(x) = -\frac{1}{6} - \frac{2}{7}xe^{-x} + \frac{5}{49}e^{-x}$.

Nous déduisons que: $y_g(x) = -\frac{1}{6} - \frac{2}{7}xe^{-x} + \frac{5}{49}e^{-x} + c_1 e^{-3x} + c_2 e^{-x} + c_3 e^{6x}$.

D) Exercices de fin de chapitre **IV)**

I) Equations homogènes.

Résoudre les équations différentielles suivantes. Montrer votre démarche.

1) $y^{(3)} - 6y'' + 11y' - 6y = 0$.

2) $y^{(4)} + 8\,y^{(3)} + 24\,y'' + 32\,y' + 16\,y = 0$

3) $y^{(4)} - 9\,y'' + 20\,y = 0$

II) Résoudre l'équation différentielle suivante par la méthode des coéfficients indeterminés.

$y^{(3)} - 6y'' + 11y' - 6y = 2xe^x$.

III) Résoudre l'équation différentielle suivante par la méthode de variation de paramètres.

$$y^{(3)} - 3y'' + 2y' = \frac{e^x}{1 + e^x}\ .$$

Correction des exercices de fin de chapitre I.

I) Equations différentielles linéaires du premier ordre.

$\dfrac{dy}{dx} + \dfrac{2}{x} y = 0$ x>0.

facteur intégrant $e^{\int \frac{2}{x} dx} = e^{x^2} = x^2$.

Multiplions les deux membres de l'équation par le facteur intégrant, on obtient:

$x^2 \dfrac{dy}{dx} + 2xy = 0$ ce qui est équivalent à $(x^2 y)' = 0$. En intégrant de chaque côté de l'équation, nous obtenons.

$x^2 y = c$ ou $y = \dfrac{c}{x}$. *Réponse: $y = \dfrac{c}{x}$*

2) $y' + y = e^x$

facteur intégrant $e^{\int 1 dx} = e^x$.

Multiplions les deux membres de l équation par ce facteur, on obtient:

$e^x y' + e^x y = e^{2x}$, *ce qui est équivalent à* $(e^x y)' = e^{2x}$. En intégrant de deux côtés de l'équation, on obtient $e^x y = \dfrac{1}{2} e^{2x} + c$ ou $y = \dfrac{1}{2} e^x + ce^{-x}$

Réponse: $y = \dfrac{1}{2} e^x + ce^{-x}$.

3) $y' - x^2 y = 0$

facteur intégrant $e^{\int -x^2 dx} = e^{-\frac{x^3}{3}}$. Multiplions les deux membres de l'équation on obtient: $e^{-\frac{x^3}{3}} y' - x^2 e^{-\frac{x^3}{3}} y = 0$, ce qui est équivalent à $(e^{\frac{-x^3}{3}} y)' = 0$. En intégrant de deux côtés de l'équation on trouve $e^{\frac{-x^3}{3}} y = c$ ou $y = ce^{\frac{x^3}{3}}$ *Réponse: $y = ce^{\frac{x^3}{3}}$.*

$4) \, y' - \dfrac{3}{x^2} \, y = \dfrac{1}{x^2} \quad x \neq 0.$

Facteur intégrant $e^{-\frac{3}{x^2}} = e^{\frac{3}{x}}$. Multiplions les deux membres

de l équation par le facteur on obtient: $e^{\frac{3}{x}} y' - \dfrac{3}{x} e^{\frac{3}{x}} y = \dfrac{e^{\frac{3}{x}}}{x^2},$

ce qui est équivalent à : $(e^{\frac{3}{x}} y)' = $. En intégrant de chaque

côté : $e^{\frac{3}{x}} y = \displaystyle\int \dfrac{e^{\frac{3}{x}}}{x^2} dx = -\dfrac{1}{3} \displaystyle\int \dfrac{-3}{x^2} e^{\frac{3}{x}} dx = -\dfrac{1}{3} e^{\frac{3}{x}} + c$ d'où

$y = -\dfrac{1}{3} + c e^{-\frac{3}{x}}$. *Réponse*: $y = -\dfrac{1}{3} + c e^{-\frac{3}{x}}$.

$5) \, y' - 7y = e^{-x}$

Facteur intégrant e^{-7x}. Multiplions les deux membres de l équation

par le facteur, on obtient: $e^{-7x} y' - 7e^{-7x} y = e^{-8x}$ ce qui est équivalent

à $(e^{-7x} y)' = e^{-8x}$, en intégrant les deux membres on a:

$e^{-7x} y = \displaystyle\int e^{-8x} dx$ donc y$= -\dfrac{1}{8} e^{-x} + c e^{7x}$. Réponse: $y = -\dfrac{1}{8} e^{-x} + c e^{7x}$.

II)Equations de Bernoulli.

1)$y' + y = y^2 e^x$. C est est une équation de Bernoulli de la forme

$y' + p(x)y = q(x)y^n$. Mettons la sous la forme $y^{-n}y' + P(x)y^{(1-n)} = Q(x)$:

$y^{-2}y' + y^{-1} = e^x$. Posons $v(x) = y^{-1}$ donc $v' = -y^{-2}y'$, remplaçons ensuite

ces valeurs dans l'équation: $-v'+v=e^x$ ou $v'-v=-e^x$ ce qui donne

une équation linéaire du premier ordre, que nous savons résoudre.

Facteur intégrant $e^{\int -1 dx} = e^{-x}$. Multiplions tous les termes de l'équation

par e^{-x} cela donne $e^{-x}v' - e^{-x}v = -1$ donc $(e^{-x}v)' = -1$, *en* intégrant les deux

membres on obtient: $e^{-x}v = c$ ou $v = ce^x$ et $y^{-1} = ce^x$ ce qui donne $y = \dfrac{1}{c}e^{-x}$.

Réponse: $y = ke^{-x}$ avec k constante égale à $\dfrac{1}{c}$

2)$y' + y = y^{-2}$. Avec condition initiale $y(0) = -1$. C est est une équation

de Bernoulli de la forme $y' + p(x)y = q(x)y^n$. Mettons la sous la forme

$y^{-n}y' + P(x)y^{(1-n)} = Q(x)$: $y'y^2 + y^3 = 1$. Posons $v(x) = y^3$ donc $v' = 3y^2 y'$,

remplaçons ensuite ces valeurs dans l'équation: $\dfrac{v'}{3} + v = 1$ donc $v' + 3v = 3$.

Ce qui donne une équation linéaire du premier ordre, que nous savons

résoudre.

Facteur intégrant $e^{\int 3 dx} = e^{3x}$. Multiplions tous les termes de l'équation

par e^{3x} $e^{3x}v' + 3e^{3x}v = 3e^{3x}$ donc $(e^{3x}v)' = 3e^{3x}$, *en* intégrant les deux membres

on obtient: $e^{3x}v = \int 3e^{3x}dx = e^{3x}$+c donc $v = ce^{-3x}+1$ et $y^3 = ce^{-3x}+1$ et

$y = \sqrt[3]{ce^{-3x}+1}$.

La solution qui satisfait la condition initiale $y(0) = -1$ *satisfait* donc

-1=$\sqrt[3]{c+1}$ d'où c $= -2$. La solution est alors y=$\sqrt[3]{-2e^{-3x}+1}$.

3) $xy' + y = xy^3$ donc $y' + \dfrac{1}{x}y = y^3$. C est est une équation de Bernoulli de

la forme $y' + p(x)y = q(x)y^n$. Mettons la sous la forme $y^{-n}y' + P(x)y^{(1-n)} = Q(x)$.

$y^{-3}y' + \dfrac{1}{x}y^{-2} = 1$. Posons $v(x) = y^{-2}$ donc $v' = -2y^{-3}y'$, remplaçons ensuite ces

valeurs dans l'équation: On obtient $\dfrac{v'}{-2} + \dfrac{1}{x}v = 1$ ce qui donne $v' - \dfrac{2}{x}v = -2$.

C'est une équation linéaire du premier ordre, que nous savons résoudre.

Facteur intégrant $e^{\int -\frac{2}{x}dx} = e^{\ln(x^{-2})} = \dfrac{1}{x^2}$. Multiplions tous les termes de l'équation

par $\dfrac{1}{x^2}$: $\dfrac{1}{x^2}v' - 2\dfrac{1}{x^3}v = -2\dfrac{1}{x^2}$ donc $(\dfrac{1}{x^2}v)' = -2\dfrac{1}{x^2}$.

En intégrant les deux membres on obtient :

$\dfrac{1}{x^2}v = \int -2\dfrac{1}{x^2}dx + c$ d'où $\dfrac{1}{x^2}v = \dfrac{2}{x} + c$ donc $y^{-2} = 2x + cx^2$ ou $y = \dfrac{1}{(2x + cx^2)^2}$.

Réponse : $y = \dfrac{1}{(2x + cx^2)^2}$.

4) $y' + xy = xy^2$. C est est une équation de Bernoulli de la forme

$y' + p(x)y = q(x)y^n$. Mettons la sous la forme $y^{-n}y' + P(x)y^{(1-n)} = Q(x)$.

$y^{-2}y' + xy^{-1} = x$. Posons $v(x) = y^{-1}$ donc $v' = -y^{-2}y'$, remplaçons ensuite

ces valeurs dans l'équation: $-v' + xv = x$ ce qui donne $v' - xv = -x$

C'*est* une équation linéaire du premier ordre, que nous savons résoudre.

Facteur intégrant $e^{\int -xdx} = e^{-\frac{x^2}{2}}$. Multiplions tous les termes de l'équation par

$e^{-\frac{x^2}{2}}$: $e^{-\frac{x^2}{2}}v' - e^{-\frac{x^2}{2}}xv = -x\,e^{-\frac{x^2}{2}}$ donc $(e^{-\frac{x^2}{2}}v)' = -x\,e^{-\frac{x^2}{2}}$.

En intégrant les deux membres on obtient :

$e^{-\frac{x^2}{2}}v = \int -x\,e^{-\frac{x^2}{2}} = e^{-\frac{x^2}{2}} + c$ donc $v = 1 + ce^{\frac{x^2}{2}}$ comme $y = \dfrac{1}{v}$

$y = \dfrac{1}{1 + ce^{\frac{x^2}{2}}}$. Réponse : $y = \dfrac{1}{1 + ce^{\frac{x^2}{2}}}$

5) $y' - \dfrac{3}{x}y = x^4 y^{\frac{1}{3}}$ $x > 0$. C est est une équation de Bernoulli de la forme

$y' + p(x)y = q(x)y^n$. Mettons la sous la forme $y^{-n}y' + P(x)y^{(1-n)} = Q(x)$.

$y^{\frac{-1}{3}}y' - \dfrac{3}{x}y^{\frac{2}{3}} = x^4$. Posons v(x) $= y^{\frac{2}{3}}$ donc $v' = \dfrac{2}{3}y^{-\frac{1}{3}}y'$, remplaçons ensuite

ces valeurs dans l'équation: $\dfrac{3}{2}v' - \dfrac{3}{x}v = x^4$ ou $v' - \dfrac{2}{x}v = \dfrac{2}{3}x^4$, ce qui donne

une équation linéaire du premier ordre, que nous savons résoudre.

Facteur intégrant $e^{\int -\frac{2}{x}dx} = e^{\ln(x^{-2})} = \dfrac{1}{x^2}$. Multiplions tous les termes de l'équation

par $\dfrac{1}{x^2}$: $\dfrac{1}{x^2}v' - \dfrac{2}{x^3}v = \dfrac{2}{3}x^2$, qui est équivalent à $(\dfrac{1}{x^2}v)' = \dfrac{2}{3}x^2$. E*n* intégrant les deux

membres on obtient : $(\dfrac{1}{x^2}v) = \dfrac{2}{9}x^3 + $c donc $v = \dfrac{2}{3}x^4 + cx^2$ et $y = (\dfrac{2}{3}x^4 + cx^2)^{\frac{3}{2}}$

Réponse: $y = (\dfrac{2}{3}x^4 + cx^2)^{\frac{3}{2}}$

Correction   des   exercices   de   fin   de   chapitre II.

I)Variables séparables.Trouvez la solution générale $h(x, y) = c$ des équations différentiellles suivantes, en détaillant votre démarche.

1)$xdx - y^2 dy = 0$ Cette équation est à variables séparables et admet pour solution une fontion $h(x, y) = c$, en intégrant de chaque côté

$$\int xdx - \int y^2 dy = c, \quad \frac{x^2}{2} - \frac{y^3}{3} = c.$$ c constante arbitraire.

La solution générale   est $\dfrac{x^2}{2} - \dfrac{y^3}{3} = c$.

2)$y' = y^2 x^3$. On peut écrire $\dfrac{dy}{dx} = y^2 x^3$ ou $\dfrac{dy}{y^2} = x^3 dx$ qui est une équation à variables séparables:

$donc \displaystyle\int \frac{dy}{y^2} dy = \int x^3 dx + k$ et $-\dfrac{1}{y} = \dfrac{x^4}{4} + k \ ou \ y = -\dfrac{4}{x^4} - \dfrac{1}{k}$.

La solution générale   est donc $y = -\dfrac{4}{x^4} + k_1$ ou $y + \dfrac{4}{x^4} = k_1$ avec $k_1 = -\dfrac{1}{k}$

3) $\dfrac{dy}{dx} = \dfrac{x^2 + 2}{y}$. On peut écrire $y\,dy = (x^2 + 2)\,dx$ qui est une équation à variables

séparables donc en intégrant les deux membres :

$\dfrac{y^2}{2} = \dfrac{x^3}{3} + 2x + c$ ou $\dfrac{y^2}{2} - \dfrac{x^3}{3} - 2x = c$

$Rép : \dfrac{y^2}{2} - \dfrac{x^3}{3} - 2x = c$

4) $\dfrac{dy}{dt} = t^2 - 2t + 2$. On peut écrire cette égalité $dy = (t^2 - 2t + 2)\,dt$,

qui est une *équation* à variables séparables donc :

$\int dy = \int (t^2 - 2t + 2)\,dt$, la solution générale est y(t)$= \dfrac{t^3}{3} - t^2 + 2t + c$.

ou y(t)$- \dfrac{t^3}{3} + t^2 - 2t = c$.

5) $e^x dx - y\,dy = 0$. $C\,'est$ une équation à variables séparables donc,
$\int e^x dx - \int y\,dy = k$ ce qui donne comme solution générale :

$e^x - \dfrac{y^2}{2} = k$ ou $y^2 = 2e^x + k_1$ qui peut s'écrire $y^2 - 2e^x = k_1$ avec

$k_1 = -2k$.

II)Equation exacte: trouver la forme générale de la solution $f(x,y) = k$ pour les équations différentielles suivantes:

1)$y^2 dx + (2yx+1)dy = 0$. $M(x,y) = y^2$, $N(x,y) = 2yx+1$

Nous avons $\dfrac{\partial M}{\partial y} = 2y$ $\dfrac{\partial N}{\partial x} = 2y$. Comme $\dfrac{\partial M}{\partial y} = \dfrac{\partial N}{\partial x}$, l'équation est exacte.

$f(x,y) = \int y^2 dx + k(y) = xy^2 + k(y)$ et $\dfrac{\partial f(x,y)}{\partial y} = 2xy + k'(y) = 2xy + 1$ car

$\dfrac{\partial f(x,y)}{\partial y} = N(x,y)$. *On* déduit que $k'(y) = 1$ *donc* $k(y) = y$.

La solution générale est $xy^2 + y = c$.

2)$\dfrac{dy}{dx} = \dfrac{-2xy}{1+x^2}$. Mettons l'équation sous la forme $M(x,y)dx + N(x,y)dy = 0$

alors $2xydx + (1+x^2)dy = 0$.

Nous avons $\dfrac{\partial M}{\partial y} = 2x$ et $\dfrac{\partial N}{\partial x} = 2x$. Comme $\dfrac{\partial M}{\partial y} = \dfrac{\partial N}{\partial x}$, l'équation est exacte.

$f(x,y) = \int 2xydx + k(y) = x^2 y + k(y)$ et $\dfrac{\partial f(x,y)}{\partial y} = x^2 + k'(y) = 1 + x^2$ car

$\dfrac{\partial f(x,y)}{\partial y} = N(x,y)$. *On* déduit que $k'(y) = 1$ donc $k(y) = y$.

La solution générale est $x^2 y + y = c$.

3) $\dfrac{dy}{dx} = \dfrac{2 + ye^{xy}}{2y - xe^{xy}}$. Mettons l'équation sous la forme $M(x,y)dx + N(x,y)dy = 0$

alors $(2 + ye^{xy})dx + (-2y + xe^{xy})dy = 0$.

Nous avons $\dfrac{\partial M}{\partial y} = e^{xy} + xye^{xy}$ et $\dfrac{\partial N}{\partial x} = e^{xy} + xye^{xy}$. Comme $\dfrac{\partial M}{\partial y} = \dfrac{\partial N}{\partial x}$, l'équation est

exacte.

$f(x,y) = \int(2 + ye^{xy})dx + k(y) = 2x + e^{xy} + k(y)$ et $\dfrac{\partial f(x,y)}{\partial y} = xe^{xy} + k'(y)$

$= -2y + xe^{xy}$ car $\dfrac{\partial f(x,y)}{\partial y} = N(x,y)$. *On* déduit que :

$k'(y) = -2y$ ce qui donne $k(y) = -y^2$. *La* solution générale est donc $2x + e^{xy} - y^2 = c$.

4) $(x + \sin(y))dx + (x\cos(y) - 2)dy = 0$.

Nous avons $\dfrac{\partial M}{\partial y} = \cos(y)$ et $\dfrac{\partial N}{\partial x} = \cos(y)$. Comme $\dfrac{\partial M}{\partial y} = \dfrac{\partial N}{\partial x}$, l'équation est exacte.

$f(x,y) = \int(x + \sin(y))dx + k(y) = \dfrac{x^2}{2} + x\sin(y) + k(y)$ et

$\dfrac{\partial f(x,y)}{\partial y} = x\cos(y) + k'(y) = x\cos(y) - 2$ *car* $\dfrac{\partial f(x,y)}{\partial y} = N(x,y)$.

On déduit que $k'(y) = -2$ donc $k(y) = -2y$. *La* solution générale est :

$\dfrac{x^2}{2} + x\sin(y) - 2y = c$

5) $2xydx + (1 + x^2)dy = 0$ avec condition initiale $y(2) = -5$.

Nous avons $\dfrac{\partial M}{\partial y} = 2x$ et $\dfrac{\partial N}{\partial x} = 2x$. Comme $\dfrac{\partial M}{\partial y} = \dfrac{\partial N}{\partial x}$, l'équation est

exacte. $f(x,y) = \int 2xydx + k(y) = x^2y + k(y)$

$\dfrac{\partial f(x,y)}{\partial y} = x^2 + k'(y) = 1 + x^2$ *car* $\dfrac{\partial f(x,y)}{\partial y} = \dfrac{\partial N}{\partial x}$.

On déduit que $k'(y) = 1$ ce qui donne $k(y) = y$.

La solution générale est $x^2y + y = c$. *Trouvons* maintenant la valeur de c, pour la solution vérifiant la condition initiale y(2)=-5. *En* remplaçant dans la solution générale obtenue: $(2)^2 \cdot (-5) + (-5) = k$ donc $k = -25$, la solution demandée est $x^2y + y = -25$.

III) Equations homogènes.Résoudre en donnant la solution générale des équations différentielles suivantes.

1) $\dfrac{dy}{dx} = \dfrac{2y^4 + x^4}{xy^3}$ $\dfrac{dy}{dx} = \dfrac{2\dfrac{y^4}{x^4} + 1}{\dfrac{y^3}{x^3}}$. Cette équation est homogène par définition

car : $f(tx,ty) = t^0 f(x,y), \forall t \in$. *Faisons* le changement de variable $y(x) = xv(x)$.

$v = \dfrac{y}{x}$ et $y' = v + xv'$. *En* remplaçant les expressions obtenues dans l'équation

$v + xv' = \dfrac{2v^4 + 1}{v^3}$ ce qui donne $x\dfrac{dv}{dx} = \dfrac{v^4 + 1}{v^3}$ donc $\dfrac{v^3}{v^4 + 1} dv = \dfrac{dx}{x}$.

Alors $\dfrac{1}{4} \int \dfrac{4v^3}{v^4 + 1} dv = \int \dfrac{dx}{x}$ on obtient $\ln(v^4 + 1) = 4\ln(x) + k$ ou $\ln(v^4 + 1) = \ln(k_1 x^4)$.

avec $k_1 = \ln(k)$, donc $v^4 + 1 = k_1 x^4$. *Comme* $v = \dfrac{y}{x}$ on obtient $y^4 = k_1 x^8 - x^4$ ou

$y = x\sqrt[4]{k_1 x^4 - 1}$.

2) $y' = \dfrac{y + x}{x}$ $\dfrac{dy}{dx} = \dfrac{\dfrac{y}{x} + 1}{1} = \dfrac{y}{x} + 1$.

Cette équation est homogène par definition car : $f(tx,ty) = t^0 f(x,y), \forall t \in$.
Faisons le changement de variable $y(x) = xv(x)$.

$v = \dfrac{y}{x}$ et $y' = v + xv'$. *En* remplaçant les expressions obtenues dans l'équation

$v + xv' = v + 1$ ou $xv' = x$ et $\dfrac{xdv}{dx} = 1$ et $dv = \dfrac{dx}{x}$. En intégrant de chaque côté on trouve

$v = \ln(x) + k$ ce qui donne $y = x\ln(x) + kx$ qui est la solution générale.

3) $y' = \dfrac{y^2 + x^2}{xy}$ $\dfrac{dy}{dx} = \dfrac{\dfrac{y^2}{x^2} + 1}{\dfrac{y}{x}}$. Cette équation est homogène par definition

car : $f(tx,ty) = t^0 f(x,y), \forall t \in$. Faisons le changement de variable $y(x) = xv(x)$

$v = \dfrac{y}{x}$ et $y' = v + xv'$. En remplaçant les expressions obtenues dans l'équation:

$v + xv' = \dfrac{v^2 + 1}{v}$ donc $xv' = \dfrac{1}{v}$ et $vdv = \dfrac{dx}{x}$ d'où $\dfrac{v^2}{2} = \ln(x) + k$, *c'est* à dire que

$\dfrac{y^2}{2x^2} = \ln(x) + k$ puisque $v = \dfrac{y}{x}$ donc $y^2 = 2x^2 \ln(x) + k2x^2$, est la solution générale.

$4) y' = \dfrac{2xy}{x^2 - y^2} \quad \dfrac{2\dfrac{x}{y}}{1 - \dfrac{y^2}{x^2}}$.

Cette équation est homogène par définition

car : $f(tx, ty) = t^0 f(x, y), \forall t \in$. *Faisons* le changement de variable

$y(x) = xv(x)$.

$v = \dfrac{y}{x}$ et $y' = v + xv'$. *En* remplaçant les expressions obtenues dans l'équation

$v + xv' = \dfrac{2v}{1 - v^2} \quad xv' = \dfrac{v + v^3}{1 - v^2} \rightarrow x\dfrac{dv}{dx} = \dfrac{v + v^3}{1 - v^2}$ donc $(\dfrac{1 - v^2}{v(v^2 + 1)})dv = \dfrac{dx}{x}$

$(\dfrac{1}{v} - \dfrac{2v}{1 + v^2})dv = \dfrac{dx}{x} \rightarrow \ln(v) - \ln(1 + v^2) = \ln(kx)$

donc $\dfrac{v}{1 + v^2} = kx$. La solution générale est $\dfrac{xy}{x^2 + y^2} = kx$ ou $y = k(x^2 + y^2)$

III)Equation linéaire non homogène.

1)$dy - (2x - 5y)dx = 0$ ou $\dfrac{dy}{dx} = 2x - 5y.$

Posons $2x - 5y = v(x)$ alors $5y = 2x - v(x)$ et $\dfrac{dy}{dx} = \dfrac{1}{5}(2 - v').$

En remplaçant on a $\dfrac{1}{5}(2 - v') = v$ donc $\dfrac{dv}{dx} = 2 - 5v$ et $\dfrac{dv}{2 - 5v} = dx.$

Intégrons les deux membres de cette équation.

$-\dfrac{1}{5}\displaystyle\int \dfrac{-5dv}{2 - 5v}dv = \int dx$ d'où $\ln(2 - 5v) = -5x - 5k$ on déduit que

$2 - 5v = k_1 e^{-5x}$ et $v = \dfrac{1}{5}(2 - k_1 e^{-5x})$. En remplaçant $v(x)\,par\; 2x - 5y$

on a la solution générale: $y = \dfrac{2x}{5} - \dfrac{1}{25}(2 - k_1 e^{-5x}).$

2)$y' - (3x + 2y - 1) = 0$ ou $\dfrac{dy}{dx} = 3x + 2y - 1$. Posons $3x + 2y = v(x)$

on a $\dfrac{dy}{dx} = \dfrac{1}{2}(-3 + v')$ donc $\dfrac{1}{2}(-3 + v') = v - 1$ ou $\dfrac{dv}{dx} = 2v + 1$ et $\dfrac{dv}{2v + 1} = dx$

en intégrant les deux membres de cette équation :

$\dfrac{1}{2}\ln(2v+1) = x + k$ ou $\ln(2v+1) = 2x + 2k$ ce qui est équivalent à v=$\dfrac{1}{2}(k_1 e^{2x} - 1)$

avec $k_1 = e^{2k}$, en remplaçant maintenant v par $3x + 2y$ *on* obtient la solution générale :

y=$\dfrac{1}{4}(k_1 e^{2x} - 1) - \dfrac{3}{2}x.$

3)$xdy + (3x^2 + 7xy)dx = 0$. Simplifions d'abord en divisant les deux membres par $x \neq 0$.

$dy + (3x + 7y)dx = 0$. D'où $\dfrac{dy}{dx} = -3x - 7y$. *Posons* 3x+7y $= v(x)$ alors $\dfrac{dy}{dx} = \dfrac{1}{7}(-3 + v')$.

En remplaçant on a $\dfrac{1}{7}(-3 + v') = -v$ ou $\dfrac{1}{7}(v' - 3) = -v$, *de* cette équation on déduit :

$\dfrac{dv}{-7v + 3} = dx$ et $\ln(-7v + 3) = -7x + k$ ce qui donne $-7v + 3 = k_1 e^{-7x}$.

Donc v$=\dfrac{3}{7} - \dfrac{1}{7}(k_1 e^{-7x})$. *Comme* $v = 3x + 7y$, *la* solution générale est donnée par :

$y = \dfrac{3}{49} - \dfrac{1}{49}(k_1 e^{-7x}) - \dfrac{3}{7}x.$

Correction des exercices de fin de chapitre III.

I-Equations homogènes du second ordre.

1) $y'' - y' - 2y = 0$. Equation caractéristique associée $m^2 - m - 2$
$m^2 - m - 2 = (m-2)(m+1) = 0$.
Deux racines réelles et distinctes m=-1 et m=2.
La solution générale est donc de la forme: $y_h = c_1 e^{-x} + c_2 e^{2x}$.

2) $y'' - 7y' = 0$. Equation caractéristique $m^2 - 7m = 0$.
$m^2 - 7m = m(m-7) = 0$. Racines réelles 0 et 7.
La solution générale est donc : $c_1 + c_2 e^{7x}$.

3) $y'' + 4y = 0$. Equation caractéristique associée $m^2 + 4 = 0$ et $m^2 = 4i^2$.
Deux racines complexes et conjuguées et m= $\pm 2i$
La solution générale est donc de la forme: $y_h = c_1 \cos(2x) + c_2 sin(2x)$.
4) $y'' - 3y' + 4y = 0$. Equation caractéristique associée :

$m^2 - 3m + 4 = 0$ d'où $m = \dfrac{(3 \pm i\sqrt{7})}{2}$, donc deux racines complexes et conjuguées.

La solution générale de l équation homogène est de la forme.

$$y_h = c_1 e^{\frac{3}{2}x} \cos\left(\sqrt{7}x\right) + c_2 e^{\frac{3}{2}x} \sin\left(\sqrt{7}x\right).$$

5) $y'' - 8y' + 16y = 0$.

Equation caractéristique associée $m^2 - 8m + 16 = 0$

$m^2 - 8m + 16 = (m-4)(m-4)$ donc racines réelles double 4 .

La solution générale de l équation homogène est de la forme.

$$y_h = c_1 e^{4x} + c_2 x c_1 e^{4x}$$

94

II) Résoudre les équations différentielles suivantes par la méthode des coefficients indéterminés.

1) $y'' - y' - 2y = 4x^2$. Trouvons la solution générale de l'équation homogène.

Son équation caractéristique est: $m^2 - m - 2 = 0$.

$(m-2)(m+1) = 0$ on déduit $y_h = c_1 e^{-x} + c_2 e^{2x}$.

Comme aucun terme de g(x)=$4x^2$ appartient à y_p le choix de y_p sera

$y_p = Ax^2 + Bx + C$ et $y_p' = 2Ax + B$ et $y_p'' = 2A$.

Effectuons les calculs de substitution dans l équation

$2A - (2Ax + B) - 2(Ax^2 + Bx + C) = 4x^2$

$-2Ax^2 - (2A + 2B)x + 2A - B - 2C = 0$ donc

$-2A = 4$ donc $A = -2, -(2A + 2B) = 0$ d'où $B = 2$, $2A - B - 2C = 0$ d'où $c = -3$

La solution particulière est $y_p = -2x^2 + 2x - 3$ et la solution générale est de la forme

$y = y_p + y_h$ ou $y = -2x^2 + 2x - 3 + c_1 e^{-x} + c_2 e^{2x}$.

2) $y'' - y' - 2y = \sin 2x$. Trouvons la solution générale de l'équation homogène. Son équation caractéristique est: $m^2 - m - 2 = 0$ est la même que dans l'exercice précédent et a pour solution $y_h = c_1 e^{-x} + c_2 e^{2x}$. *Comme* aucun terme de g(x)=$\sin 2x$ appartient à y_h, notre choix de y_p est:

$y_p = A\cos(2x) + B\sin(2x)$ donc $y_p' = -2A\sin(2x) + 2B\cos(2x)$ et

$y_p'' = -4A\cos(2x) - 4B\sin(2x)$.

Effectuons les calculs de substitution dans l'équation et simplifions:

$-4A\cos(2x) - 4B\sin(2x) + 2A\sin(2x) - 2B\cos(2x) - 2(A\cos(2x) + B\sin(2x)) = \sin 2x$

$(-6A - 2B)\cos(2x) + (2A - 6B)\sin(2x) = \sin(2x)$, on déduit alors que:

$-6A - 2B = 0$ et $2A - 6B = 1$ $A = -\dfrac{1}{16}, B = -\dfrac{3}{16}$ sont les solutions de ce système d'équations.

Donc la solution générale est de l'équation est:

$y_p = -\dfrac{1}{16}\cos(2x) - \dfrac{3}{16}\sin(2x)$ et $y_h = -\dfrac{1}{16}\cos(2x) - \dfrac{3}{16}\sin(2x) + c_1 e^{-x} + c_2 e^{2x}$.

3) $y'' - 6y' + 25y = e^{-5x}$.

*L équation caracté*ristique $m^2 - 6m + 25$ *admet* deux racines complexes et conjugées: m=$3 \pm 4i$, *donc* $y_h = c_1 e^{3x} \cos(4x) + c_2 e^{3x} \sin(4x)$.

Nous cherchons une solution particulière $y_p = A e^{-5x}$ donc $y_p' = -5 A e^{-5x}$ et $y_p'' = 25 A e^{-5x}$. *En remplaçant* dans l'équation et en simplifiant on trouve : $80 A e^{-5x} = e^{-5x}$ *donc* $A = \dfrac{1}{80}$.

La solution générale est : $y = \dfrac{1}{80} e^{-5x} + c_1 e^{3x} \cos(4x) + c_2 e^{3x} \sin(4x)$.

4)$y'' - 2y' + y = x^2 - 1$.

*L équation caract*éristique m$^2 - 2m + 1$ *admet* une racine réelle double 1.

$y_h = c_1 e^x + c_2 x e^x$.

Nous cherchons $y_p = Ax^2 + Bx + C$ donc $y_p' = 2Ax + B$ et $y_p'' = 2A$.

En remplaçant dans l'équation et en simplifiant on trouve :

$Ax^2 + (-4A + B)x + 2A - 2B + C = x^2 - 1$.

$A = 1, -4A + B = 0$ et $B = 4, 2A - 2B + C = -1$ d'où $C = 5$.

On déduit que $y_p = x^2 + 4x + 5$ et $y = x^2 + 4x + 5 + c_1 e^x + c_2 x e^x$

est la solution générale de l'équation .

5)$y'' - 2y' + y = 2\sin\left(\dfrac{x}{2}\right) - \cos\left(\dfrac{x}{2}\right)$.

*L équation caract*éristique m$^2 - 2m + 1$ *admet* une racine réelle double 1.

$y_h = c_1 e^x + c_2 x e^x$.

Nous cherchons $y_p = A\cos\left(\dfrac{x}{2}\right) + B\sin\left(\dfrac{x}{2}\right)$. Alors, $y_p' = -\dfrac{1}{2}A\sin\left(\dfrac{x}{2}\right) + \dfrac{1}{2}B\cos\left(\dfrac{x}{2}\right)$ et

$y_p'' = -\dfrac{1}{4}A\cos\left(\dfrac{x}{2}\right) - \dfrac{1}{4}B\sin\left(\dfrac{x}{2}\right)$.

En remplaçant dans l'équation et en simplifiant on trouve :

$(\dfrac{3}{4}A - B)\cos\left(\dfrac{x}{2}\right) + (A + \dfrac{3}{4}B)\sin\left(\dfrac{x}{2}\right) = 2\sin\left(\dfrac{x}{2}\right) - \cos\left(\dfrac{x}{2}\right)$

$\dfrac{3}{4}A - B = -1$ et $A + \dfrac{3}{4}B = 2$ ce qui donne A=$\dfrac{4}{5}$ et B=$\dfrac{8}{5}$

On déduit que $y_p = \dfrac{4}{5}\cos\left(\dfrac{x}{2}\right) + \dfrac{8}{5}\sin\left(\dfrac{x}{2}\right)$ et $y = \dfrac{4}{5}\cos\left(\dfrac{x}{2}\right) + \dfrac{8}{5}\sin\left(\dfrac{x}{2}\right) + xc_1 e^x + c_2 x e^x$

est la solution générale de l'équation .

III)Résoudre les équations suivantes par la méthode de variation des paramètres.

1)$y'' + 2y' + y = e^x$. Equation caractéristique $m^2 + 2m + 1 = 0$, la solution générale de l'équation homogène est $y_h = c_1 e^{-x} + c_2 x e^{-x}$.

Par la méthode de variation de paramètres cherchons une solution particulière de la forme: $y_p = v_1(x)e^{-x} + v_2(x)xe^{-x}$ $v_1(x)$ et $v_2(x)$ sont des fonctions de x, données

par les formules: $v_1(x) = \int \dfrac{-xe^{-x}}{W(e^{-x}, xe^{-x})} e^x dx$ et $v_2(x) = \int \dfrac{e^{-x}}{W(e^{-x}, xe^{-x})} e^x dx$

avec $W(e^{-x}, xe^{-x}) = \text{dert} \begin{pmatrix} e^{-x} & xe^{-x} \\ -e^{-x} & e^{-x} - xe^{-x} \end{pmatrix} = e^{-2x}$.

On a : $v_1(x) = -\int xe^{2x} dx = -\dfrac{1}{2}xe^{2x} + \dfrac{1}{4}e^{2x}$, $v_2(x) = \int e^{2x} dx = \dfrac{1}{2}e^{2x}$.

$y_p = (-\dfrac{1}{2}xe^{2x} + \dfrac{1}{4}e^{2x})e^{-x} + \dfrac{1}{2}e^{2x}xe^{-x} = -\dfrac{1}{4}e^x$. La solution générale sera donnée

par $y_g = -\dfrac{1}{4}e^x + c_1 e^{-x} + c_2 x e^{-x}$.

2)$y'' - y' - 2y = e^{3x}$. Equation caractéristique $m^2 - m - 2 = 0$ donc $(m-2)(m+1) = 0$,

la solution générale de l'équation homogène est $y_h = c_1 e^{-x} + c_2 e^{2x}$.

Par la méthode de variation de paramètres, cherchons une solution particulière de la forme:

$y_p = v_1(x)e^{-x} + v_2(x)e^{2x}$

$v_1(x)$ et $v_2(x)$ sont des fonctions de x données par les formules:

$$v_1(x) = \int \frac{-e^{2x}}{W(e^{-x}, e^{2x})} e^{3x} dx \text{ et } v_2(x) = \int \frac{e^{-x}}{W(e^{-x}, e^{2x})} e^{3x} dx \text{ avec}$$

$$W(e^{-x}, e^{2x}) = \text{dert} \begin{pmatrix} e^{-x} & e^{2x} \\ -e^{-x} & 2e^{2x} \end{pmatrix} = 3e^{x}.$$

$donc\ v_1(x) = -\frac{1}{3}\int e^{4x} dx = -\frac{1}{12} e^{4x}$ et $v_2(x) = \frac{1}{3}\int e^{x} dx = \frac{1}{3} e^{x}.$

$y_p = -\frac{1}{12} e^{4x} e^{-x} + \frac{1}{3} e^{x} e^{2x} = \frac{1}{4} e^{3x}$. La solution générale sera donnée par :

$y_g = \frac{1}{4} e^{3x} + c_1 e^{-x} + c_2 e^{2x}.$

3) $y'' + \dfrac{1}{x}y' - \dfrac{1}{x^2}y = \ln(x)$ si $\left\{x, \dfrac{1}{x}\right\}$ forme un ensemble fondamental de solutions

de l'équation homogène ($x \neq 0$).

Cherchons par la méthode de variation de paramètres $y_p = v_1(x)x + \dfrac{v_2(x)}{x}$

$v_1(x)$ et $v_2(x)$ sont des fonctions de x données par les formules:

$$v_1(x) = \int \dfrac{-\dfrac{1}{x}}{W(x, \dfrac{1}{x})}\ln(x)dx \; et \; v_2(x) = \int \dfrac{x}{W(x, \dfrac{1}{x})}\ln(x)dx \; avec$$

$$W(x, \dfrac{1}{x}) = dert\begin{pmatrix} x & \dfrac{1}{x} \\ 1 & -\dfrac{1}{x^2} \end{pmatrix} = -\dfrac{2}{x}.$$

donc $v_1(x) = \dfrac{1}{2}\int \ln(x)dx = \dfrac{1}{2}(x\ln(x) - 1), v_2(x) = -\dfrac{1}{2}\int x^2\ln(x) = -\dfrac{1}{2}(\dfrac{x^3}{3}\ln(x) - \dfrac{x^3}{9}).$

.La solution générale sera donnée par :

$$y_g = c_1x + \dfrac{c_2}{x} + \dfrac{1}{2}(x\ln(x) - 1)x + (-\dfrac{x^3}{6}\ln(x) + \dfrac{x^3}{18})\dfrac{1}{x} \; \text{et après simplification on obtient :}$$

$$y_g = c_1x + \dfrac{c_2}{x} + \dfrac{1}{3}x^2\ln(x) - \dfrac{1}{2}x + \dfrac{x^2}{18}.$$

III) Résoudre les équations d'Euler.

1) $x^2 y'' + 3xy' + y = 0 \ x > 0$.

Faisons le changement de variable $t = \ln(x) \Leftrightarrow x = e^t$.

soit $\phi(t) = \phi(\ln(x)) = y(x)$

Par la loi de derivation en chaîne nous avons:

$$\frac{dy}{dx} = \frac{d\phi}{dt}\frac{1}{x} \text{ et } \frac{d^2 y}{dx^2} = \frac{d^2 \phi}{dt^2}\frac{1}{x^2} - \frac{1}{x^2}\frac{d\phi}{dt} = \frac{1}{x^2}(\frac{d^2 \phi}{dt^2} - \frac{d\phi}{dt}).$$

En remplaçant maintenant dans 1) $\dfrac{d^2 \phi}{dt^2} - \dfrac{d\phi}{dt} + 3\dfrac{d\phi}{dt} + \phi(t) = 0$ donc

$\dfrac{d^2 \phi}{dt^2} + 2\dfrac{d\phi}{dt} + \phi(t) = 0$. C'est une équation du second ordre à coéfficients constants qui a

comme équation caractéristique: $m^2 + 2m + 1 = 0$. *La* solution générale est de la forme:

$y_h = c_1 e^{-t} + c_2 t e^{-t} = c_1 (e^t)^{-1} + c_2 t (e^t)^{-1}$. En termes de la variable x, $y_h = c_1 x^{-1} + c_2 \ln(x) x^{-1}$.

2) $x^2 y'' - 3xy' - 5y = 0 \ x > 0$.

Faisons le changement de variable $t = \ln(x) \Leftrightarrow x = e^t$. Posons :

$\phi(t) = \phi(\ln(x)) = y(x)$. Par la loi de derivation en chaîne nous avons:

$$\frac{dy}{dx} = \frac{d\phi}{dt}\frac{1}{x} \text{ et } \frac{d^2 y}{dx^2} = \frac{d^2 \phi}{dt^2}\frac{1}{x^2} - \frac{1}{x^2}\frac{d\phi}{dt} = \frac{1}{x^2}(\frac{d^2 \phi}{dt^2} - \frac{d\phi}{dt}).$$

En remplaçant maintenant dans 2) $(\dfrac{d^2 \phi}{dt^2} - \dfrac{d\phi}{dt}) - 3\dfrac{d\varphi}{dt} - 5\phi(t) = 0$ donc

$\dfrac{d^2 \phi}{dt^2} - 4\dfrac{d\phi}{dt} - 5\phi(t) = 0$. C'est une équation du second ordre à coéfficients constants qui a

comme équation caractéristique: $m^2 - 4m - 5 = 0$. *La* solution générale est de la forme

$y = c_1 e^{5t} + c_2 e^{-t}$. En termes de la variable x $y = c_1 x^5 + c_2 x^{-1}$.

3)$x^2 y'' + 3xy' + 2y = 0 \; x > 0$

Faisons le changement de variable $t = \ln(x) \Leftrightarrow x = e^t$ et soit $\phi(t) = \phi(\ln(x)) = y(x)$

Par la loi de derivation en chaîne nous avons :

$\dfrac{dy}{dx} = \dfrac{d\phi}{dt}\dfrac{1}{x}$ et $\dfrac{d^2 y}{dx^2} = \dfrac{d^2\phi}{dt^2}\dfrac{1}{x^2} - \dfrac{1}{x^2}\dfrac{d\phi}{dt} = \dfrac{1}{x^2}\left(\dfrac{d^2\iota}{dt^2} - \dfrac{d\phi}{dt}\right).$

En remplaçant maintenant dans 3) $\left(\dfrac{d^2\phi}{dt^2} - \dfrac{d\phi}{dt}\right) + 3\dfrac{d\phi}{dt} + 2\phi(t) = 0$ donc

$\dfrac{d^2 y}{dt^2} + 2\dfrac{dy}{dt} + 2\phi(t) = 0.$ C'est une équation du second ordre à coéfficients constants qui a

comme équation caractéristique: $m^2 + 2m + 2 = 0$, et possède les racines complexes

et conjuguées $m = -1 \pm i$. *La* solution générale est de la forme $y_h = c_1 e^{-t}\cos(t) + c_2 e^{-t}\sin(t)$.

En termes de la variable x, $y_h = c_1 x^{-1}\cos(\ln(x)) + c_2 x^{-1}\sin(\ln(x))$.

Correction des exercices de fin de chapitre IV.

I)Equations homogènes.

Résoudre les équations différentielles suivantes.Montrer votre démarche

$y^3 - 6y'' + 11y' - 6y = 0.$ *Equation caractéristique* : $m^3 - 6m^2 + 11m - 6 = 0$
$m^3 - 6m^2 + 11m - 6 = m^3 - m^2 - 5m^2 + 5m + 6m - 6.$
$m^3 - 6m^2 + 11m - 6 = m^2(m-1) - 5m(m-1) + 6(m-1) = (m-1)(m^2 - 5m + 6)$
donc $m^3 - 6m^2 + 11m - 6 = (m-1)(m-3)(m-2).$

Les solutions fondamentales qui correspondent aux trois racines réelles 1,2,3
sont $e^x, e^{2x}, e^{3x}.$ *La* solution générale est donc $y_h = c_1 e^x + c_2 e^{2x} + c_3 e^{3x}.$

$2) y^4 + 8y''' + 24y'' + 32y' + 16y = 0.$ Equation caractéristique :
$m^4 + 8m^3 + 24m^2 + 32m + 16 = 0,$ *factorisons* ce polynôme:
$m^4 + 8m^3 + 24m^2 + 32m + 16 = m^4 + 2m^3 + 6m^3 + 12m^2 + 12m^2 + 24m + 8m + 16$

En mettant en évidence le terme (m+2) dans la dernière expression.

$m^4 + 8m^3 + 24m^2 + 32m + 16 = (m+2)(m^3 + 6m^2 + 12m + 8)$
$m^4 + 8m^3 + 24m^2 + 32m + 16 = (m+2)(m+2)(m^2 + 4m + 4)$
donc $m^4 + 8m^3 + 24m^2 + 32m + 16 = (m+2)^4.$

L'équation caractéristique admet la racine réelle -2 de multiplicité 4.

On déduit que $y_h = c_1 e^{-2x} + c_2 x e^{-2x} + c_3 x^2 e^{-2x} + c_4 x^3 e^{-2x}.$

$3) y^4 - 9y'' + 20y = 0.$ Equation caractéristique :
$m^4 - 9m^2 + 20 = 0$
$m^4 - 9m^2 + 20 = (m^2 - 5)(m^2 - 4) = 0$
$(m - \sqrt{5})(m + \sqrt{5})(m - 2)(m + 2) = 0$

L'équation caractéristique admet quatres racines réelles distinctes.

On déduit que $y_h = c_1 e^{\sqrt{5}x} + c_2 x e^{-\sqrt{5}x} + c_3 e^{2x} + c_4 e^{-2x}.$

II)Résoudre l'équation différentielle suivante par la méthode des céfficients indeterminés.

$y''' - 6y'' + 11y' - 6y = 2xe^{-x}$.

Nous avons vu à l'exercice 1) que la solution générale associée *à* cette équation homogène,

$y''' - 6y'' + 11y' - 6y = 0$ est $y_h = c_1 e^x + c_2 e^{2x} + c_3 e^{3x}$.

Cherchons une solution particulière de la forme $y_p = A_1 x e^{-x} + A_0 e^{-x}$ *car* e^{-x} ne fait pas partie de la solution générale y_h. On *a alors* :

$y_p' = -A_1 x e^{-x} + A_1 e^{-x} - A_0 e^{-x}$, $y_p'' = A_1 x e^{-x} - A_1 e^{-x} - A_1 e^{-x} + A_0 e^{-x} = A_1 x e^{-x} - 2A_1 e^{-x} + A_0 e^{-x}$

$y''' = -A_1 x e^{-x} + 3A_1 e^{-x} - A_0 e^{-x}$. Remplaçons ces expressions dans l'équation donnée et simplifions pour obtenir:

$-24A_1 x e^{-x} + (26A_1 - 24A_0)e^{-x} = 2xe^{-x}$ donc $-24A_1 = 2$ et $26A_1 - 24A_0 = 0$.

Ce qui donne $A_1 = -\dfrac{1}{12}$ et $A_0 = \dfrac{26}{24} A_1$ donc $A_0 = -\dfrac{13}{144}$. On déduit la solution particulière:

$y_p = \dfrac{26}{24} x e^{-x} - \dfrac{13}{144} e^{-x}$. La solution est : $y_g = \dfrac{26}{24} x e^{-x} - \dfrac{13}{144} e^{-x} + c_1 e^x + c_2 e^{2x} + c_3 e^{3x}$.

III) Résoudre l'équation différentielle suivante, par la méthode de variation de paramètres.

$$y''' - 3y'' + 2y' = \frac{e^x}{1 + e^x}$$

Cherchons les solutions fondamentales de l'équation homogène:

$y''' - 3y'' + 2y' = 0$. Equation caractéristique $m^3 - 3m^2 + 2m = m(m-1)(m-2) = 0$.

Les solutions fondamentales et linéairement indépendantes de l'équation homogène sont $1, e^x, e^{2x}$. Par la méthode demandée, nous devons chercher une solution particulière de la forme $y_p = v_1(x)1 + v_2(x)e^x + v_3(x)e^{2x}$.

$$W(1,e^x,e^{2x}) = dert \begin{pmatrix} 1 & e^x & e^{2x} \\ 0 & e^x & 2e^{2x} \\ 0 & e^x & 4e^{2x} \end{pmatrix} = 2e^{3x}$$

$$W_1 = dert \begin{pmatrix} 0 & e^x & e^{2x} \\ 0 & e^x & 2e^{2x} \\ 1 & e^x & 4e^{2x} \end{pmatrix} = e^{3x}, W_2 = dert \begin{pmatrix} 1 & 0 & e^{2x} \\ 0 & 0 & 2e^{2x} \\ 0 & 1 & 4e^{2x} \end{pmatrix} = -2e^{2x}$$

$$W_3 = dert \begin{pmatrix} 1 & e^x & 0 \\ 0 & e^x & 0 \\ 0 & e^x & 1 \end{pmatrix} = e^x$$

Nous pouvons déterminer les valeurs de $v_i(x), i = 1,2,3$ par la formule:

$v_i(x) = \int \dfrac{W_i}{W(1,e^x,e^{2x})} g(x)dx$ où $g(x) = \dfrac{e^x}{1+e^x}$. Nous avons donc :

$v_1(x) = \dfrac{1}{2}\int \dfrac{e^x}{1+e^x}dx = \dfrac{1}{2}\ln(1+e^x), v_2(x) = -\int \dfrac{1}{1+e^x}dx = \int \dfrac{-e^{-x}}{e^{-x}+1}dx = \ln(e^{-x}+1)$

$v_3(x) = \dfrac{1}{2}\int \dfrac{1}{(1+e^x)e^x}dx = \dfrac{1}{2}\int (\dfrac{-1}{(1+e^x)} + \dfrac{1}{e^x})dx = \dfrac{1}{2}(\ln(e^{-x}+1) - e^{-x})$

$y_p = \dfrac{1}{2}\ln(1+e^x) + \ln(e^{-x}+1)e^x + \dfrac{1}{2}(\ln(e^{-x}+1) - e^{-x})e^{2x}$.

La solution générale est donc:

$y = c_1 1 + c_2 e^x + c_3 e^{2x} + \dfrac{1}{2}\ln(1+e^x) + \ln(e^{-x}+1)e^x + \dfrac{1}{2}(\ln(e^{-x}+1) - e^{-x})e^{2x}$.

Chapitre V. Equations différentielles et transformées de Laplace :

A)Définitions.

$f(x)$ *est définie* pour $x \in [0, \infty[$ *et s dénote une* va r *iable* qui peut être réelle ou complexe, la transformée de Laplace de $f(t)$ qu'on notera par , $L\{f(t)\}$ ou

$F(s)$ est égale à $\int_0^\infty e^{-st} f(t)dt$. Pour toute valeur de s, pour laquelle l'intégrale est finie. Si cette intégrale n'existe pas, la fonction $f(x)$ ne possèdera pas de transformée de Laplace.

Notons qu'en évaluant cette intégrale, la variable s est considérée comme constante.

Il y a deux conditions qui sont requises pour que $f(x)$ puisse avoir une transformée de Laplace. On exige premièrement que $f(x)$ soit d'ordre exponentielle σ, quand t $\rightarrow \infty$, c'est à dire qu'on puisse trouver M>0 et un nombre réel σ tel que

$\left| f(t) \right| \leq M e^{\sigma t} \ \lor t \geq 0$ .Ou de façon équivalente, $\left| e^{-\sigma t} f(t) \right| \leq M \ \lor t \geq 0$.

La deuxième condition est que $f(t)$ soit continue par morceaux, sur tout sous intervalle fermé de [a,b], excepté possiblement, pour un nombre fini de points de discontinuités.

Une fonction $f : [a,b] \rightarrow R$ est continue par morceaux s'il existe une subdivision $\tau = \{a_0, a_1, \ldots a_n\}$ *de* [a,b] telle que f est continue sur $]a_{i-1}, a_i[$ et $\lim\limits_{a_{i-1}^+} f$, $\lim\limits_{a_i^-} f$

existent et soient finies. une telle subdivision $\{a_0, a_1, \ldots a_n\}$ est dite adaptée à la fonction f.

Les fonctions continues et les fonctions en escalier sont des fonctions continues par morceaux.

Les valeurs prises par la fonction aux points de subdivision n'ont pas d'importance.

Exemple de fonction continue par morceaux :

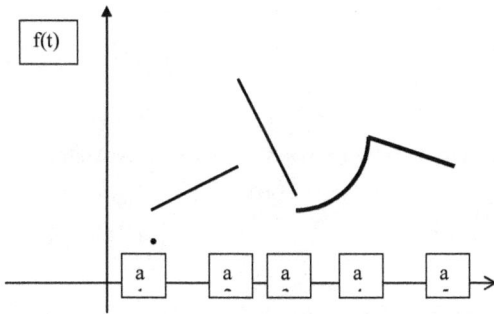

Demonstration du théorème d'existence de la transformation de Laplace.

$$soit\ I = |F(s)| = \left| \int_0^\infty e^{-st} f(t) dt \right|$$

Comme $f(t)$ est d'ordre exponentielle σ on a d'après la définition $|f(t)| \leq Me^{\sigma t} \vee t \geq 0$.

$$I = \left| \int_0^\infty e^{-st} f(t) dt \right| \leq \int_0^\infty e^{-st} |f(t)| dt \leq \int_0^\infty Me^{-st} e^{\sigma t} dt \leq \frac{M}{s-\sigma}$$, comme I est positif donc $s > \sigma$.

ce prouve le théorème d'existence.

Unicité dela transformation de Laplace.

Soient f(t) et g(t) deux fonctions continues par morceaux et d'ordre exponentielle à l'infini. Supposons que $L\{f(t)\} = L\{g(t)\}$ alors $f(t) = g(t)$ pour t $\in [a,b]$ sauf peut être pour un nombre fini de points.

Nous énnoncérons les propriétés les plus connues des transformées de Laplace et nous donnerons la plupart des preuves, bien qu'elles ne soient pas requises dans le cadre de ce manuel.

Nous insisterons surtout sur des exemples d'applications de ces propriétés, pour montrer au lecteur comment trouver les transformées de Laplace des fonctions usuelles, polynomiales, exponentielles, trigonométriques ou combinaisons de ces fonctions.

Par ailleurs comme il existe beaucoup de ces transformées, on trouve des tables pour se référer aux transformées de Laplace plus compliquées, qui ont été calculées par des générations des mathématiciens et des scientifiques et qui été soigneusement tabulées.

B) Propriétés des transformées de Laplace.

Propriété1.Linéarité.

Si L{f(t)}=F(s) etL{g(t)}=G(s) et si c_1, c_2 sont constantes.

L{c_1f(t)+c_2g(t)}=c_1L{f(t)} + c_2L{g(t)} = c_1F(s) + c_2G(s).

Propriété 2.Transformée de Laplace de la fonction exponentielle.

L{e^{-at}}=$\dfrac{1}{(s+a)}$ s>0 et a>0.

Démonstration:

a)L{e^{-at}}=$\displaystyle\int_0^\infty e^{-st}e^{-at}dt$ =$\displaystyle\int_0^\infty e^{-(s+a)t}dt$ = $-\dfrac{1}{(s+a)}\left[e^{-(s+a)t}\right]_0^\infty$ = $\dfrac{1}{(s+a)}$.

Si on change a en-a on a donc b) L{e^{at}}=$\dfrac{1}{(s-a)}$

Propriété 3.

L{1}=$\dfrac{1}{s}$. Ceci résulte de la Propriété 2, pour $a = 0$.

Propriété 4. Translation en s. Résultat de la multiplication de la fonction par e^{at}.

Si L{f(t)}=F(s) alors L{e^{at}f(t)}=F(s-a).

Démonstration:

L{e^{at}f(t)} = $\displaystyle\int_0^\infty e^{at}e^{-st}f(t)dt$ =$\displaystyle\int_0^\infty e^{-(s-a)t}f(t)dt$

mais $\displaystyle\int_0^\infty e^{-(s-a)t}f(t)dt = F(s-a)$ par définition.

propriété 5. Similitude. Résultat de la multiplication de la variable par a.

$L\{f(at)\} = \dfrac{1}{a} F(\dfrac{s}{a}).$

Démonstration:

$L\{f(at)\} = \int_0^\infty e^{-st} f(at)dt$ faisons le changement de variable p=at d'où dt=$\dfrac{1}{a}dp$,

l'intégrale devient $\int_0^\infty e^{-st} f(at)dt = \dfrac{1}{a}\int_0^\infty e^{-s(\frac{p}{a})} f(p)dp = \dfrac{1}{a}F(\dfrac{s}{a})$ puisque

$\int_0^\infty e^{-s(\frac{p}{a})} f(p)dp$ est par définition égale à $F(\dfrac{s}{a})$.

Propriété 6. Derivée de la transformée de Laplace, résultat de la multiplication de la fonction par t^n.

$L\{tf(t)\} = (-1)\dfrac{dF(s)}{ds}$.et en général:$L\{t^n f(t)\} = (-1)^n \dfrac{d^n F(s)}{ds^n}$.

Démonstration.

si n = 1, on a $L\{tf(t)\}$ et en dérivant sous l'intégrale :

$\dfrac{dF(s)}{ds} = \dfrac{d}{ds}\int_0^\infty e^{-st} f(t)dt = \int_0^\infty \dfrac{d}{ds}(e^{-st} f(t))dt = -\int_0^\infty (e^{-st} tf(t))dt = -L\{tf(t)\}.$

La formule est donc vraie pour n=1.Pour n entier quelconque:

$\dfrac{d^n F(s)}{ds^n} = \int_0^\infty \dfrac{d^n}{ds^n}(e^{-st} f(t))dt = \int_0^\infty (-1)^n t^n (e^{-st} f(t))dt = (-1)^n \int_0^\infty e^{-st} (t^n f(t))dt.$

donc $\dfrac{d^n F(s)}{ds^n} = (-1)^n L\{t^n f(t)\}$. Ce qui prouve le théorème.

Propriété 7.Transformée de Laplace de t^n n entier n+1>0 et s>0.
Démonstration.

$L\{tf(t)\} = \dfrac{n!}{s^{n+1}}$. La preuve de cette propriété résulte de l'application de la propriété 6 en prenant $f(t)=1$.

$L\{t^n\}=L\{t^n.1\}=(-1)^n \dfrac{d^n F(s)}{ds^n}$ or $F(s) = L\{1\} = \dfrac{1}{s}$ et donc $L\{t^n\}=(-1)^n \dfrac{d^n}{ds^n}(\dfrac{1}{s})$

$=(-1)^n[(-1)^n n!\dfrac{1}{s^{n+1}}]$ et $L\{t^n\} = (-1)^{2n} \dfrac{n!}{s^{n+1}} = \dfrac{n!}{s^{n+1}}$ donc $L\{tf(t)\} = \dfrac{n!}{s^{n+1}}$.

Avant de poursuivre avec d'autres propriétés, faisons une pause

pour appliquer les 7 propriétés que nous avons établies, en trouvant

des transformées de Laplace.

Prouver que :

1)$L\{cos(at)\}=\dfrac{s}{s^2+a^2}$ $s>0$.

On sait que $cos(at)=\dfrac{1}{2}(e^{iat}+e^{-iat})$ *et donc* $L\{cos(at)\}=L\left\{\dfrac{1}{2}(e^{iat}+e^{-iat})\right\}$

Or $L\left\{\dfrac{1}{2}(e^{iat}+e^{-iat})\right\}=\dfrac{1}{2}[L\{(e^{iat})+L\{(e^{iat})]=\dfrac{1}{2}(\dfrac{1}{s-ia}+\dfrac{1}{s+ia})$

d'où $L\{cos(at)\}=\dfrac{s}{s^2+a^2}$.

2)$L\{sin(at)\}=\dfrac{a}{s^2+a^2}$ $s>0$.

$sin(at)=\dfrac{1}{2i}(e^{iat}-e^{-iat})$ $L\{sin(at)\}=L\left\{\dfrac{1}{2i}(e^{iat}+e^{-iat})\right\}$

$L\{sin(at)\}=L\left\{\dfrac{1}{2i}(e^{iat}+e^{-iat})\right\}=\dfrac{1}{2i}[L\left\{(e^{iat})\right\}+L\left\{(e^{iat})\right\}]=\dfrac{1}{2i}(\dfrac{1}{s-ia}-\dfrac{1}{s+ia})$

d'où $L\{sin(at)\}=\dfrac{a}{s^2+a^2}$.

3)*En* utilisant les formules $cosh(at)=\dfrac{1}{2}(e^{at}+e^{-at})$ et $sinh(at)=\dfrac{1}{2}(e^{at}-e^{-at})$.

Montrer que $L\{cosh(at)\}=\dfrac{s}{s^2-a^2}$ et $L\{sinh(at)\}=\dfrac{a}{s^2-a^2}$.

Nous montrerons la transformée de Laplace de cosh(at), celle de sinh(at) se démontre de façon identique et est laissée *au lecteur*.

$L\{cosh(at)\}=\dfrac{1}{2}[L\{(e^{at})+L\{(e^{at})]=\dfrac{1}{2}(\dfrac{1}{s-a}+\dfrac{1}{s+a})=\dfrac{s}{s^2-a^2}$ $s>|a|$.

4) Trouver les transformées de laplace de

a)$2t^3 + \cos(5t) + e^{-2t}$.

b)$\cos(wt + \beta)$

c)$(\sin(2t - \cos 2t)^2$

d)$(\cosh(4t))^2$

e)$t^{5\cdot}$

f)e^{5t}

g)$t^3 e^{2t}$

h)$t\cos(2t)$

k)$t\sinh(3t)$

a)$\mathrm{L}\{2t^3 + \cos(5t) + e^{-2t}\} = 2\mathrm{L}\{t^3\} + \mathrm{L}\{\cos(5t)\} + \mathrm{L}\{e^{-2t}\}$

Or $2\mathrm{L}\{t^3\} + \mathrm{L}\{\cos(5t)\} + \mathrm{L}\{e^{-2t}\} = 2.\dfrac{6}{s^4} + \dfrac{s}{s^2 + 25} + \dfrac{1}{s + 2}$.

donc $\mathrm{L}\{2t^3 + \cos(5t) + e^{-2t}\} = \dfrac{12}{s^4} + \dfrac{s}{s^2 + 25} + \dfrac{1}{s + 2}$.

b)$\cos(wt + \beta) = \cos(wt)\cos(\beta) - \sin(wt)\sin(\beta)$.

donc $\mathrm{L}\{\cos(wt + \beta)\} = \cos(\beta)\dfrac{s}{s^2 + w^2} - \sin(\beta)\dfrac{w}{s^2 + w^2}$.

c)$\mathrm{L}\{(\sin(2t) - \cos(2t))^2\} = \mathrm{L}\{1 - 2\sin(2t)\cos(2t)\} = \mathrm{L}\{1 - \sin(4t)\}$

$\mathrm{L}\{1 - \sin(4t)\} = \dfrac{1}{s} - \dfrac{4}{s^2 + 16}$.

Donc $\mathrm{L}\{(\sin(2t) - \cos(2t))^2\} = \dfrac{1}{s} - \dfrac{4}{s^2 + 16}$

d)$\mathrm{L}\{(\cosh(4t))^2\} = \mathrm{L}\{\dfrac{1}{4}(e^{4t} + e^{-4t})^2\}$

$\mathrm{L}\{(\cosh(4t))^2\} = \dfrac{1}{4}[\mathrm{L}\{e^{8t}\} + \mathrm{L}\{e^{-8t}\} + \mathrm{L}\{2\}]$

$\mathrm{L}\{(\cosh(4t))^2\} = \dfrac{1}{4}(\dfrac{1}{(s - 8)} + \dfrac{1}{(s + 8)} + \dfrac{2}{s}) = \dfrac{1}{2}(\dfrac{s}{s^2 - 64} + \dfrac{1}{s})$.

e) $L\{t^5\} = \dfrac{5!}{t^6} = \dfrac{120}{t^6}$.

f) $L\{e^{5t}\} = \dfrac{1}{(s-5)}$.

g) $L\{t^3 e^{2t}\} = F(s-2)$ où $F(s) = L\{t^3\}$.

Donc $L\{t^3 e^{2t}\} = \dfrac{6}{(s-4)^4}$.

h) $L\{t\cos(2t)\} = (-1)\dfrac{d}{ds}F(\cos(2t)$.

$L\{t\cos(2t)\} = -\dfrac{d}{ds}\left(\dfrac{s}{s^2+4}\right) = \dfrac{s^2-4}{(s^2+4)^2}$.

k) $L\{t\sinh(3t)\} = -\dfrac{d}{ds}\left(\dfrac{3}{s^2-9}\right) = \dfrac{6s}{(s^2-9)^2}$.

5)Appliquer la propriété 4: Si $L\{f(t)\}=F(s)$ alors $L\{e^{at}f(t)\}=F(s-a)$, pour trouver les transformées de Laplace de:

a)$e^{-bt}\cos(t)$ b)t^3e^{-4t} c)$e^{-3t}t^2$

 Les réponses devraient être:

$a)L\{e^{-bt}\cos(t)\}=\dfrac{s+b}{(s+b)^2+1}$.

$b)L\{t^3e^{-4t}\}=\dfrac{6}{(s+4)^4}$.

$c)L\{t^2e^{-3t}\}=\dfrac{2}{(t+3)^3}$.

6)Si $L\{f(t)\}=\dfrac{3}{s^2+9}$. Trouver a)$L\{f(3t)\}$ b) $L\left\{f\left(\dfrac{t}{2}\right)\right\}$ c)$L\left\{\dfrac{2}{3}f(3t)\right\}$.

a)$L\{f(3t)\}=\dfrac{1}{3}F\left(\dfrac{s}{3}\right)$ par la proprété 5, donc $L\{f(3t)=\dfrac{\dfrac{1}{3}(3)}{\left(\dfrac{s}{3}\right)^2+9}$

$L\{f(3t)\}=\dfrac{9}{s^2+81}$.

b) $L\left\{f\left(\dfrac{t}{2}\right)\right\}=2.\dfrac{3}{4s^2+9}=\dfrac{6}{4s^2+9}$.

c)$\left\{\dfrac{2}{3}f(3t)\right\}=\dfrac{2}{3}L\{f(3t)\}=\dfrac{2}{3}\dfrac{9}{s^2+81}=\dfrac{6}{s^2+81}$.

Poursuivons maintenant avec l'étude d'autres propriétés de Laplace.

Propriété 8. Si t>0 et $\lim\limits_{t\to\infty}\left(\dfrac{f(t)}{t}\right)$ *existe* alors: $L\left\{\dfrac{f(t)}{t}\right\}=\int_s^\infty F(s)ds.$

Démontration :

$$\int_s^\infty F(s)ds = \int_s^\infty (\int_0^\infty e^{-st}f(t)dt)ds = \int_0^\infty (\int_s^\infty e^{-st}f(t)ds)dt = \int_0^\infty [-\frac{e^{-st}}{t}f(t)]_s^\infty dt$$

et $\int_0^\infty [-\dfrac{e^{-st}}{t}f(t)]_s^\infty dt = \int_0^\infty e^{-st}\dfrac{f(t)}{t}dt$ or $\int_0^\infty e^{-st}\dfrac{f(t)}{t}dt = L\left\{\dfrac{f(t)}{t}\right\}$ par définition.

Ce qui prouve le résultat.

Appliquer la propriété 8, pour trouver les transformées de Laplace de :

$a)\dfrac{1}{t}(1-\cos(at))$ $b)\dfrac{1}{t}(e^{-3t}\sin(2t))$ $c)\dfrac{1}{t}(e^{-3t}-e^t)$.

a)$L\left\{\dfrac{1}{t}(1-\cos(at))\right\}.$

On a que $L\{(1-\cos(at))\}=L\{(1)\}-L\{\cos(at)\}=\dfrac{1}{s}-\dfrac{s}{s^2+a^2}.$

$L\left\{\dfrac{1}{t}(1-\cos(at))\right\} = \int_s^\infty (\dfrac{1}{s}-\dfrac{s}{s^2+a^2})ds = \dfrac{1}{2}\int_s^\infty (\dfrac{2s}{s^2}-\dfrac{2s}{s^2+a^2})ds. = \dfrac{1}{2}[\ln(\dfrac{s^2}{s^2+a^2})]_s^\infty$

donc en simplifiant $L\left\{\dfrac{1}{t}(1-\cos(at))\right\}. = \dfrac{1}{2}(0\text{-}\ln(\dfrac{s^2}{s^2+a^2}).) = \dfrac{1}{2}\ln(\dfrac{s^2+a^2}{s^2}).$

b) $L\{(e^{-3t}\sin(2t)\} = \dfrac{2}{(s+3)^2 + 4}$

$L\left\{\dfrac{1}{t}(e^{-3t}\sin(2t)\right\} = \displaystyle\int_s^\infty \dfrac{2}{(s+3)^2+4}\,ds = \int_s^\infty \dfrac{1}{2}\left(\dfrac{1}{(\frac{s+3}{2})^2 + 1}\right)ds.$

d'où $L\left\{\dfrac{1}{t}(e^{-3t}\sin(2t)\right\} = \left[\tan^{-1}\left(\dfrac{s+3}{2}\right)\right]_s^\infty = \dfrac{\pi}{2} - \tan^{-1}\left(\dfrac{s+3}{2}\right).$

c) $L\{(e^{-3t} - e^t)\} = L\{(e^{-3t})\} - L\{(e^t)\} = \dfrac{1}{s+3} - \dfrac{1}{s}$

donc $L\left\{\dfrac{1}{t}(e^{-3t} - e^t)\right\} = \displaystyle\int_s^\infty \left(\dfrac{1}{s+3} - \dfrac{1}{s}\right)ds = \left[\ln\left(\dfrac{s+3}{s}\right)\right]_s^\infty$

$\left[\ln\left(\dfrac{s+3}{s}\right)\right]_s^\infty = 0 - \ln\left(\left[\ln\left(\dfrac{s+3}{s}\right)\right]\right)$

et $L\left\{\dfrac{1}{t}(e^{-3t} - e^t)\right\} = \ln\left(\dfrac{s}{s+3}\right).$

Pr*opriété* 9.Transformée de Laplace d'une intégrale.

$L\{\int_0^t f(t)dt\} = \dfrac{F(s)}{s}$ si $F(s) = L\{f(t)\}$.

Utiliser la propriété 9, pour trouver les transformées de Laplace de :

$a)\int_0^\infty \sin 2p\, dp$ $b)\int_0^\infty p\cosh p\, dp$ $c)\int_0^\infty \dfrac{\sin p}{p}dp$ $d)\int_0^\infty e^p \dfrac{\sin p}{p}dp.$

$a)L\{\sin(2t)\} = \dfrac{2}{s^2 + 4}$ *donc* par *la propriété* 9, $L\left\{\int_0^\infty \sin 2p\, dp\right\} = \dfrac{2}{s(s^2 + 4)}.$

$b)L\{t\cosh t\} = (-1)\dfrac{d}{ds}(\dfrac{s}{s^2 - a^2}) = (-1).-\dfrac{s^2 + a^2}{(s^2 - a^2)^2} = \dfrac{s^2 + a^2}{(s^2 - a^2)^2}.$

donc par *la propriété* 9, $L\left\{\int_0^\infty p\cosh p\, dp\right\} = \dfrac{s^2 + a^2}{s(s^2 - a^2)^2}.$

$c)L\left\{\dfrac{\sin t}{t}\right\} = \int_s^\infty \dfrac{1}{s^2 + 1}ds = \dfrac{\pi}{2} - \tan^{-1}(s).$

donc par *la propriété* 9, $L\left\{\int_0^\infty \dfrac{\sin p}{p}dp\right\} = \dfrac{1}{s}(\dfrac{\pi}{2} - \tan^{-1}(s)).$

d) $L\left\{e^t \dfrac{\sin t}{t}\right\} = F(s-1)$ où $F(s)=L\left\{\dfrac{\sin t}{t}\right\} = \dfrac{\pi}{2} - \tan^{-1}(s)$ comme on

vient de trouver pour réponse de c), alors $L\left\{e^t \dfrac{\sin t}{t}\right\} = \dfrac{\pi}{2} - \tan^{-1}(s-1)$

donc par *la propriété* 9, $L\left\{\int_0^\infty e^p \dfrac{\sin p}{p}dp\right\} = \dfrac{1}{s}(\dfrac{\pi}{2} - \tan^{-1}(s-1)).$

Dans l'étude des systèmes et des équations différentielles qui servent à

les décrire, on utilise une famille particulière de fonctions appelées

les fonctions singulières.

Ce sont des Distributions qui généralisent la théorie des fonctions et qui

sont très utilisées par les scientifiques et les ingénieurs pour

mathématiser leurs systèmes.

Les Distributions souvent employées, sont la distribution échelon

unité (distribution de Heaviside) et la distribution impulsion unité

(Distribution de Dirac)

C)La fonction échelon unitaire ou distribution de Heaviside.

On appelle fonction échelon unité associée à t_0 , la fonction t du temps

notée

$$u\ (\ t\ -\ t_o\ )\ \ et\ \ définie\ \ par\ :$$

$$u\ (\ t\ -\ t_o\ )\ =\ \begin{cases} 1 & si\ t\ \geq\ t_0 \\ 0 & si\ t\ <\ t_0 \end{cases}$$

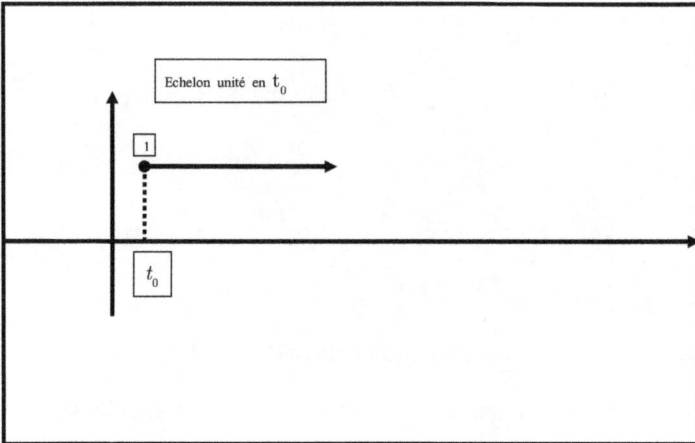

Echelon unité en t_0

On peut penser à une fonction qui « s'active » à t=t_o . La fonction

Heaviside est utile pour exprimer en une seule formule, une fonction

Définie sur des intervalles. Remarquons que la fonction échelon unitaire

est égale à u(t), définie par 0 si t<0 et 1 si t≥0. La transformée de

laplace de la fonction heaviside est par définition égale à :

$$L\{u(t-a)\} = \int_0^a 0.e^{-st}dt + \int_a^\infty 1.e^{-st}dt = -\frac{1}{s}[e^{-st}]_a^\infty = -\frac{1}{s}(0 - e^{-as}) = \frac{e^{-as}}{s} \quad car\ s{>}0.$$

On déduit que la fonction échelon unitaire en 0 a une trans formée de Laplace

égale à $\dfrac{e^{-0s}}{s} = \dfrac{1}{s}$.

Transformée de Laplace de $g(t)=u(t-a)f(t-a)$.

Cette   fonction   est   définie   comme

$$g\ (t)\ =\ \begin{cases} f\ (t\ -\ a\ )\ \text{s i }t\ \geq\ a\ . \\ 0 \qquad\qquad \text{s i }t\ \prec\ a\ . \end{cases}$$

g(t) est donc la translatée de f(t) et qui correspond à un déplacement

de vecteur horizontal a. La transformée de Laplace de g(t) est

employée pour les fonctions définies par morceaux ou en termes de

somme de fonctions Heaviside.

La transformée de Laplace L{g(t)} est égale à $e^{-sa}L\{f(t)\}$.

Démonstration :

$L\{g(t)\} = L\{u(t - a)f(t - a)\} = \int_0^\infty e^{-st}u(t - a)f(t - a)dt$ donc

$L\{u(t - a)f(t - a)\} = \int_0^a e^{-st}.0dt + \int_a^\infty e^{-st}f(t - a)dt$

$L\{u(t - a)f(t - a)\} = \int_a^\infty e^{-st}f(t - a)dt$ avec le changement de variable u=t-a

on a : $du = dt, t = u + a$ et $\int_a^\infty e^{-st}f(t - a)dt = e^{-sa}\int_0^\infty e^{-su}f(u)du$ donc:

$L\{u(t - a)f(t - a)\} = e^{-sa}L\{f(t)\} = e^{-sa}F(s)$.

Par exemple :

$$L\{u(t-5).1\} = \frac{e^{-5s}}{s} \quad \text{et} \quad L\left\{u(t-\frac{1}{2}).1\right\} = \frac{e^{-\frac{1}{2}s}}{s} \quad \text{ou} \quad L\{u(t-2)(t-2)^3\} = e^{-2t}\frac{6}{t^4}.$$

Parfois il faut modifier l'expression pour faire apparaître la translation dans la fonction. Comme dans ces exemples.

a)Trouver $L\{u(t-3)t\}$

$$L\{u(t-3)t\} = L\{u(t-3)(t+3-3)\} = L\{u(t-3)(t-3)\} + L\{3\}.$$

donc $L\{u(t-3)t\} = e^{-3s}\dfrac{1}{s^2} + \dfrac{3}{s}.$

b) Trouver $L\{u(t-2)t^2\}$. On a $t^2 = (t-2+2)^2 = (t-2)^2 + 4(t-2) + 4$

$$L\{u(t-2)t^2\} = L\{u(t-2)(t-2)^2\} + 4L\{u(t-2)(t-2)\} + L\{u(t-2)4\}.$$

donc $L\{u(t-2)t^2\} = \dfrac{2e^{-2s}}{s^3} + \dfrac{4e^{-2s}}{s^2} + \dfrac{4e^{-2s}}{s}.$

Un dernier exercice pour montrer comment exprimer une fonction définie par morceaux, par une somme de fonctions Heaviside.

Exprimer la fonction donnée, en termes de fonction heavyside puis trouver sa transformée de Laplace.

$$f(t) = \begin{cases} -4 \text{ si } t<6. \\ 25 \text{ si } 6 \le t<8. \\ 16 \text{ si } 8 \le t<30. \\ 10 \text{ si } t \ge 30 \end{cases}$$

Cette fonction s'exprime comme la somme de fonctions heaviside :

$$f(t) = -4 + 29u(t-6) - 9u(t-8) - 6u(t-30).$$

En effet si $t<6$ toutes les fonctions heavyside sont "désactivées" et la fonction a pour valeur -4. Par la suite, à mesure que chaque fonction heavyside s'active la somme obtenue, correspond à la valeur voulue de la fonction.

$$L\{-4 + 29u(t-6) - 9u(t-8) - 6u(t-30)\} = \frac{-4}{s} + \frac{29e^{-6s}}{s} - \frac{9e^{-8s}}{s} - \frac{6e^{-30s}}{s}.$$

et $L\{f(t)\} = \dfrac{1}{s}(-4 + 29e^{-6s} - 9e^{-8s} - e^{-30s}).$

D) Transformée de Laplace d'une fonction périodique.

Une fonction f(x) est dite périodique de période p si :

$$f \ (\ x \ + \ p \ ) \ = \ f \ (\ x \ ) \ \forall \ x \ \in \ D \ o \ m \ _f$$

1) Théorème sur la transformée de Laplace d'une fonction périodique

La transformée de Laplace d'une fonction périodique f(t), de période p est donnée par la formule :

$$L\{f(t)\} = \frac{\int_0^p e^{-st} f(t) dt}{1 - e^{-ps}}.$$

Démonstration:Si $f(t)$ est périodique de période p>0, on a
$f(t) = f(t+p) = f(t+2p) = ... \forall t > 0.$

$L\{f(t)\} = \int_0^\infty e^{-st} f(t)dt = \int_0^p e^{-st} f(t)dt + \int_p^{2p} e^{-st} f(t)dt + \int_{2p}^{3p} e^{-st} f(t)dt...$

En posant t=u+p, $\int_p^{2p} e^{-st} f(t)dt = \int_0^p e^{-s(u+p)} f(u+p)du = e^{-sp} \int_0^p e^{-su} f(u+p)du.$

Comme f est périodique $f(u+p) = f(u)$ et donc $\int_p^{2p} e^{-st} f(t)dt = e^{-sp} \int_0^p e^{-su} f(u)du.$

Changeons u en t on obtient que $\int_p^{2p} e^{-st} f(t)dt$ est équivalente à $e^{-sp} \int_0^p e^{-st} f(t)dt$, et de

la même façon on montre qu'en posant t=u+2p, $\int_{2p}^{3p} e^{-st} f(t)dt = e^{-2sp} \int_0^p e^{-st} f(t)dt$ et si t=u+np,

$\int_{np}^{(pn+1)} e^{-st} f(t)dt = e^{-np} \int_0^p e^{-st} f(t)dt.$

D'où $L\{f(t)\} = (1 + e^{-ps} + e^{-2ps} + e^{-3ps}....) \int_0^p e^{-st} f(t)dt$

Or $1 + e^{-ps} + e^{-2ps} + e^{-3ps}....est$ une série géométrique de premier terme 1

et de raison e^{-ps}. Comme $e^{-ps} \to 0$ quand p $\to \infty$ car s>0,cette suite converge vers

$\frac{1}{1-e^{-ps}}.$ On déduit que $L\{f(t)\} = \frac{\int_0^p e^{-st} f(t)dt}{1-e^{-ps}}.$

Exemple 1.Calculer la transformée de Laplace de $f(t) = t - \lfloor t \rfloor$.

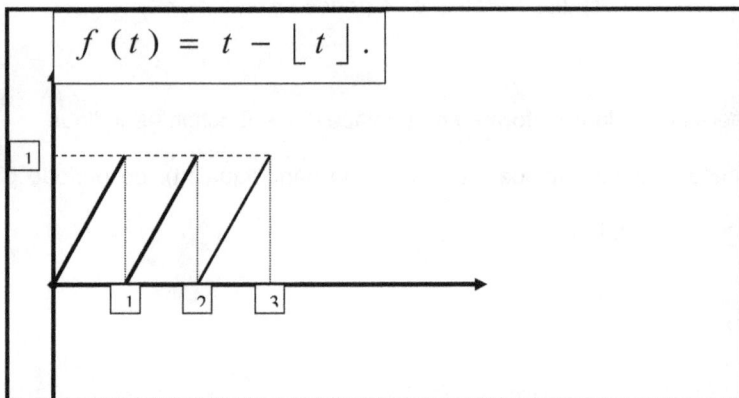

C'est une fonction périodique de période 1 et sa valeur sur chaque période est égale à t.

*Exemple 2.*Si $f(t) = t^2$ pour $0 < t < 0$ et $f(t+2) = f(t)$, trouver $L\{f(t)\}$.

$f(t)$ est périodique et sa période est 2.

$L\{f(t)\} = \dfrac{1}{1 - e^{-2s}} \displaystyle\int_0^2 t^2 e^{-st} dt.$ En faisant deux intégrations par parties successives, de l'intégrale du numérateur;

$$\int_0^2 t^2 e^{-st} dt = [-\frac{e^{-st}t^2}{s}]_0^2 + [\frac{2}{s}(-\frac{t}{s}e^{-st} - \frac{e^{-st}}{s^2})]_0^2$$

$$\int_0^2 t^2 e^{-st} dt = -\frac{4e^{-2s}}{s} + \frac{2}{s}(\frac{-2e^{-2s}}{s} - \frac{e^{-2s}}{s^2} + \frac{1}{s^2})$$

$$\int_0^2 t^2 e^{-st} dt = \frac{2 - 2e^{-2s} - 4se^{-2s} - 4s^2 e^{-2s}}{s^3}$$

donc $L\{f(t)\} = \dfrac{2 - 2e^{-2s} - 4se^{-2s} - 4s^2 e^{-2s}}{(1 - e^{-2s})s^3}.$

Nous terminerons avec ce théorème sur les transformées de

Laplace des dérivées successives d'une fonction qui est d'une grande

utilité, pour la résolution des équations différentielles, par les

transformées de Laplace.

.

E) Théorème : Transformée de Laplace des dérivées d'une fonction.

Soit f(t) une fonction de la variable t d'ordre exponentielle et admettant

des dérivées jusqu'à l'ordre n, et soit F(s) sa transformée de Laplace

nous avons alors les égalités :

1) $L\{f'(t)\} = sF(s) - f(0).$

2) $L\{f''(t)\} = s^2 F(s) - sf'(0) - f(0).$

De façon générale, on a : $L\{f^{(n)}(t)\} = s^n F(s) - s^{n-1} f(0) - \ldots - s^{n-p} f^{(p-1)}(0) \ldots - f^{(n-1)}(0).$

Démonstration,

Faisons cette preuve par induction, dans le cas où n est égal à 1 :

$L\{f'(t)\} = \int_0^\infty e^{-st} f'(t)dt$, et en intégrant par partie :

$\int_0^\infty e^{-st} f'(t)dt = [f(t)e^{-st}]_0^\infty + s\int_0^\infty e^{-st} f(t)dt = -f(0) + sF(s)$ car s>0 et f(t) est d'ordre

exponentielle. Ce qui prouve la formule pour n=1. Supposons la formule vraie pour un

entier n.

C'est à dire : $L\{f^{(n)}(t)\} = s^n F(s) - s^{n-1} f(0) - \ldots - s^{n-p} f^{(p-1)}(0) \ldots - f^{(n-1)}(0).$

comme $f^{(n+1)}(t) = \left(f^{(n)}(t) \right)'$ on a donc pour n+1.

$L\{f^{(n+1)}(t)\} = sL\{f^{(n)}(t)\} - f^{(n)}(0)$ par 1), et par l'hypothése d'induction:

$sL\{f^{(n)}(t)\} - f^{(n)}(0) = s[s^n F(s) - s^{n-1} f(0) - \ldots - s^{n-p} f^{(p-1)}(0) \ldots - f^{(n-1)}(0)] - f^{(n)}(0)$

donc $L\{f^{(n+1)}(t)\} = s^{n+1} F(s) - s^n f(0) - \ldots - s^{n+1-p} f^{(p-1)}(0) \ldots - sf^{(n-1)}(0)) - f^{(n)}(0).$

Ce qui prouve donc la formule par induction.

Appliquons à présent à quelques exemples :

1) $L\{f(t)\} = \dfrac{s}{s+4}$ et $f'(0)=1, f(0)=-2$. Trouver $L\{f''(t)\}$

Par le théorème sur les dérivées:

$$L\{f''(t)\} = s^2 \frac{s}{s+4} - (-2)s - 1 = \frac{s^3 + 2s^2 + 8s - s - 4}{s+4} = \frac{s^3 + 2s^2 + 7s - 4}{s+4}.$$

2) *soit* $y'(t) - 2y(t) = t$ tel que y(0)=-2 trouver $L\{y(t)\}$.

On a en prenant la transformée de Laplace de tous les termes de l'équation ;

$L\{y'(t) - 2y(t)\} = L\{t\}$ donc par la linéarité et le théorème sur les dérivées

$sL\{y(t)\} + 2 - 2L\{y(t)\} = \dfrac{1}{s}$ et $(s-2)L\{y(t)\} = \dfrac{1-2s}{s}$ d'où $L\{y(t)\} = \dfrac{1-2s}{s(s-2)}.$

3) *Démontrer la propriété 9* : $L\left\{\displaystyle\int_0^t f(t)dt\right\} = \dfrac{F(s)}{s}$ à l'aide du théorème sur les dérivées.

Posons $\varphi(t) = \displaystyle\int_0^t f(t)dt$. *Par* le théorème fondamental du calcul Intégral.

$\varphi'(t) = f(t)$ et $\varphi(0)=0$ donc $L\{\varphi'(t)\} = sL\{\varphi(t)\} - 0$. *Ce* qui entraîne que :

$L\{f(t)\} = sL\left\{\displaystyle\int_0^t f(t)dt\right\}$ et on déduit que : $L\left\{\displaystyle\int_0^t f(t)dt\right\} = \dfrac{L\{f(t)\}}{s}$ ou $\dfrac{F(s)}{s}.$

F) Inverse de la transformée de Laplace.

Si $L\{f(t))\} = F(s)$ alors $f(t)$ est appelée la transformée de Laplace inverse de $F(s)$ et on la note par $L^{-1}\{F(s)\} = f(t)$. La transformée de Laplace inverse d'une fonction est unique et possède aussi des propriétés similaires à $L\{f(t)\}$.

1) Propriétés.

1) Unicité.

$f_1(t)$ et $f_2(t)$ sont des fonctions continues ayant pour transformées de Laplace $F_1(s)$ et $F_2(s)$ sur $[0,\infty]$ telles que:

$F_1(s) = F_2(s)$ alors $f_1(t) = f_2(t)$.

2)*Linéarité.*

Si k_1 et k_2 sont des constantes et $f_1(t)$ et $f_2(t)$ ont pour transformées de Laplace.

$F_1(s)$ et $F_2(s)$ alors : $L^{-1}\{k_1\ F_1(s) + k_2\ F_2(s)\} = k_1\ f_1(t) + k_2\ f_2(t)$.

3)*Translation.*

Si $L^{-1}\{F(s)\} = f(t)$ *alors* $L^{-1}\{e^{-as}F(s)\} = u(t-a)f(t-a)$.

4)*Homothétie.*

Si $L^{-1}\{F(s)\} = f(t)$ *alors* $L^{-1}\{F(as)\} = \dfrac{1}{a}f\left(\dfrac{t}{a}\right)$. Ce qui est aussi équivalent à

$L^{-1}\left\{F\left(\dfrac{s}{a}\right)\right\} = af(at)\ \ a \neq 0$.

5)*Transformée* de Laplace inverse des derivées.

Si $L^{-1}\{F(s)\} = f(t)$ *alors* $L^{-1}\{F^{(n)}(s)\} = L^{-1}\left\{\dfrac{d^n}{ds^n}F(s)\right\} = (-1)^n t^n f(t)$.

6)*Transformée* de Laplace inverse d'une intégrale.

Si $L^{-1}\{F(s)\} = f(t)$ *alors* $L^{-1}\left\{\displaystyle\int_s^\infty F(u)du\right\} = \dfrac{f(t)}{t}$.

7)Multiplication par s.

Si $L^{-1}\{F(s)\} = f(t)$ et $f(0) = 0$ alors

$L^{-1}\{sF(s)\} = f'(t)$.

8)*Division par s.*

Si $L^{-1}\{F(s)\} = f(t)$ *alors* $L^{-1}\left\{\left(\dfrac{F(s)}{s}\right)\right\} = \displaystyle\int_0^t f(t)dt$.

G) Tableau des transformées de Laplace des fonctions courantes.

Transformées de Laplace
L{ f(t) }

$L\{1\} = \dfrac{1}{s}$ $s \succ 0$

$L\{e^{-at}\} = \dfrac{1}{s+a}$ $s \succ -a$

$L\{t^{n}\} = \dfrac{n!}{s^{n+1}}$

$L\{\sin(at)\} = \dfrac{a}{s^{2}+a^{2}}$

$L\{\cos(at)\} = \dfrac{s}{s^{2}+a^{2}}$

$L\{\sinh(at)\} = \dfrac{a}{s^{2}-a^{2}}$ $s \succ |a|$

$L\{\cosh(at)\} = \dfrac{s}{s^{2}-a^{2}}$ $s \succ |a|$

Transformées inverse de Laplace
$L^{-1}\{F(s)\}$

$L^{-1}\left\{\dfrac{1}{s}\right\} = 1$

$L^{-1}\left\{\dfrac{1}{s+a}\right\} = e^{-at}$

$L^{-1}\left\{\dfrac{1}{s^{n+1}}\right\} = \dfrac{t^{n}}{n!}$

$L^{-1}\left\{\dfrac{1}{s^{2}+a^{2}}\right\} = \dfrac{1}{a}\sin(at)$

$L^{-1}\left\{\dfrac{s}{s^{2}+a^{2}}\right\} = \cos(at)$

$L^{-1}\left\{\dfrac{1}{s^{2}-a^{2}}\right\} = \dfrac{1}{a}\sinh(at)$

$L^{-1}\left\{\dfrac{s}{s^{2}-a^{2}}\right\} = \cosh(at)$

H) Méthode de recherche des inverses des transformées de Laplace.

Il y a deux méthodes pour trouver les transformées de Laplace d'une fonction F(s).

L'identification directe, qui peut être directe en se guidant de la table, ou bien en faisant apparaître aux dénominateurs des formes connues des transformées.

Souvent on utilise la complétion des carrés au dénominateur, et on «fixe » en conséquence les termes du numérateur.

L'autre méthode connue est la décomposition en fractions partielles.

I) identification :

Trouver les transformées de Laplace des fonctions suivantes.

a) $F(s) = \dfrac{3 + 2s + s^2}{s^3}$ donc $L^{-1}\{F(s)\} = L^{-1}\left\{\dfrac{3}{s^3}\right\} + L^{-1}\left\{\dfrac{2}{s^2}\right\} + L^{-1}\left\{\dfrac{1}{s}\right\}$

et $L^{-1}\{F(s)\} = y(t) = \dfrac{3}{2}t^2 + 2t + 1$.

b) $F(s) = \dfrac{2s + 3}{s^2 + 9}$ donc $L^{-1}\{F(s)\} = 2L^{-1}\left\{\dfrac{s}{s^2 + 9}\right\} + L^{-1}\left\{\dfrac{3}{s^2 + 9}\right\}$

et $L^{-1}\{F(s)\} = y(t) = 2\cos(3t) + \sin(3t)$.

c) $F(s) = \dfrac{3s + 5}{9s^2 - 25}$ ce qui entraîne que:

$$L^{-1}\{F(s)\} = L^{-1}\left\{\dfrac{\dfrac{s}{3} - \dfrac{5}{9}}{s^2 - \dfrac{25}{9}}\right\} = L^{-1}\left\{\dfrac{1}{3}\cdot\dfrac{s}{s^2 - \dfrac{25}{9}}\right\} + L^{-1}\left\{\dfrac{1}{3}\cdot\dfrac{\dfrac{5}{3}}{s^2 - \dfrac{25}{9}}\right\}.$$

Ce qui donne $L^{-1}\{F(s)\} = y(t) = \dfrac{1}{3}\cosh\left(\dfrac{5}{3}t\right) + \dfrac{1}{3}\sinh\left(\dfrac{5}{3}t\right)$.

d) $F(s) = \dfrac{1}{4s + 5}$ donc $L^{-1}\{F(s)\} = L^{-1}\left\{\dfrac{\dfrac{1}{4}}{s + \dfrac{5}{4}}\right\}$ et donc

$L^{-1}\{F(s)\} = y(t) = \dfrac{1}{4}e^{-\frac{5}{4}t}$.

II)Complétiondescarrés

a) $F(s) = \dfrac{6s-4}{s^2-4s+20}$, écrivons $s^2-4s+20$ comme une somme des carrés :

$L^{-1}\{F(s)\} = L^{-1}\left\{\dfrac{6s-4}{s^2-4s+20}\right\} = L^{-1}\left\{\dfrac{6(s-2)+8}{(s-2)^2+16}\right\}$

$L^{-1}\left\{\dfrac{6(s-2)+8}{(s-2)^2+16}\right\} = 6L^{-1}\left\{\dfrac{(s-2)}{(s-2)^2+16}\right\} + 2L^{-1}\left\{\dfrac{4}{(s-2)^2+16}\right\} = 6e^{2t}\cos(4t) + 6e^{2t}\sin(4t)$.

donc $L^{-1}\{F(s)\} = 6e^{2t}\cos(4t) + 6e^{2t}\sin(4t)$.

b) $F(s) = \dfrac{1}{(s-3)^3} = \dfrac{1}{2} \cdot \dfrac{2!}{s-3)^3}$.

$L^{-1}\{F(s)\} = \dfrac{1}{2}L^{-1}\left\{\dfrac{2!}{s-3)^3}\right\} = \dfrac{1}{2}e^{3t}t^2$.

c) $F(s) = \dfrac{1}{(s-1)^2} + \dfrac{s-2}{s^2-4s+5} \rightarrow L^{-1}\{F(s)\} = L^{-1}\left\{\dfrac{1}{(s-1)^2}\right\} + L^{-1}\left\{\dfrac{s-2}{(s-2)^2+1}\right\}$

or $L^{-1}\left\{\dfrac{1}{(s-1)^2}\right\} = te^t$ et $L^{-1}\left\{\dfrac{s-2}{(s-2)^2+1}\right\} = e^{2t}\cos(t)$ donc :

$L^{-1}\{F(s)\} = te + e^{2t}\cos(t)$

III) Méthode de décomposition en fractions partielles. Par cette méthode, on

exprime quand c'est possible l'expression fractionnaire de la transformée de Laplace

$F(s) = \dfrac{P(s)}{Q(s)}$ avec degré de $P(s) <$ degré de $Q(s)$ omme décomposition d'éléments simple de

premier ou de second degré.

Si Q(s) se factorise comme Q(s) $=(s-k)^p$ sur les réels alors F(s)$=\dfrac{A_1}{(s-k)}+\dfrac{A_2}{(s-k)^2}+...+\dfrac{A_p}{(x-k)^p}$.

A_i pour $i=1$ *à* p, sont des nombres réels. On dit que F(s) admet une décomposition en éléments simples

Si Q(s) se factorise comme Q(s) $=(s^2+bs+c)^k$ sur les réels où x^2+bx+c est un polynôme irréductible du scond dégré ($\Delta\prec0$) alors F(s) se décompose dans ce cas en éléments composés de la forme:

$$\frac{a_1+b_1s}{(s^2+bs+c)}+\frac{a_2+b_2s}{(s^2+bs+c)}+...+\frac{a_k+b_ks}{(s^2+bs+c)}$$ avec les a_i et b_i des réels $i=1$ *à* k

si Q(s) est le produit ou une combinaison des facteur décrits, on prend comme décomposition la somme des décompositions en éléments simple simples ou composés , ou toute combinaison correspondante. Les exemples suivant serviront à préciser les différents cas.

Trouver par décomposition en fractions partielles, les inverses des transformées de Laplace suivantes.

a)$F(s) = \dfrac{s+1}{s^3+s}$. *Par* décomposition en fractions partielles:

$\dfrac{s+1}{s^3+s} = \dfrac{A}{s} + \dfrac{Bs+C}{s^2+1}$ ou $s+1 = A(s^2+1) + (Bs+C)s$

$s+1 = (A+B)s^2 + Cs + A$. Comparons les coéfficients des s pour déduire que

$C=1, A=1, A+B=0$ donc $B=-1$

$\dfrac{s+1}{s^3+s} = \dfrac{1}{s} + \dfrac{-s+1}{s^2+1}$ d'où $L^{-1}\left\{\dfrac{s+1}{s^3+s}\right\} = L^{-1}\left\{\dfrac{1}{s}\right\} - L^{-1}\left\{\dfrac{s}{s^2+1}\right\} + L^{-1}\left\{\dfrac{1}{s^2+1}\right\}$

$L^{-1}\left\{\dfrac{s+1}{s^3+s}\right\} = 1 - \cos(t) + \sin(t)$.

b) $F(s) = \dfrac{2s^2-6s+5}{s^3-6s^2+11s-6}$. *Le* dénominateur $s^3+6s^2+11s-6$ se factorise comme :

$s^3-6s^2+11s-6 = s^3-s^2-5s^2+5s+6s-6 = s^2(s-1)-5s(s-1)+6(s-1) = (s-1)(s^2-5s+6)$

donc $s^3-6s^2+11s-6 = (s-1)(s-2)(s-3)$

Passons à présent à la décomposition en fractions partielles.

$\dfrac{2s^2-6s+5}{s^3-6s^2+11s-6} = \dfrac{A}{s-1} + \dfrac{B}{s-2} + \dfrac{C}{s-3}$ ce qui est équivalent à :

$2s^2-6s+5 = A(s-2)(s-3) + B(s-1)(s-3) + C(s-1)(s-2)$.

Cette identité étant vraie pout tout s, donnons donc des valeurs de s pour annuler des termes de droite

Pour s=2   8-12+5=-B $\rightarrow B=-1$, si $s=3$ 5=2C $\rightarrow$ C=$\dfrac{5}{2}$ et pour s=1 1=2A $\rightarrow$ A=$\dfrac{1}{2}$.

donc $\dfrac{2s^2-6s+5}{s^3-6s^2+11s-6} = \dfrac{1}{2(s-1)} - \dfrac{1}{(s-2)} + \dfrac{5}{2(s-3)}$.

$L^{-1}\{F(s)\} = L^{-1}\left\{\dfrac{2s^2-6s+5}{s^3-6s^2+11s-6}\right\} = \dfrac{1}{2}L^{-1}\left\{\dfrac{1}{(s-1)}\right\} - L^{-1}\left\{\dfrac{1}{(s-2)}\right\} + \dfrac{5}{2}L^{-1}\left\{\dfrac{1}{(s-3)}\right\}$

$L^{-1}\{F(s)\} = \dfrac{1}{2}e^t - e^{2t} + \dfrac{5}{2}e^{3t}$.

c) $F(s) = \dfrac{s+2}{(s+3)(s+1)^3}$.

$\dfrac{s+2}{(s+3)(s+1)^3} = \dfrac{A}{(s+3)} + \dfrac{B}{(s+1)} + \dfrac{C}{(s+1)^2} + \dfrac{D}{(s+1)^3}$.

alors $s+2 = A(s+1)^3 + B(s+3)(s+1)^2 + C(s+3)(s+1) + D(s+3)$.

si $s=-1$ on trouve $D = \dfrac{1}{2}$ et si s=-3 on trouve $-1=-8A$ donc A=$\dfrac{1}{8}$.Remplaçons maintenant,

ces valeurs dans l'équation on obtient alors:

$s+2=\dfrac{1}{8}(s+1)^3 + B(s+3)(s+1)^2 + C(s+3)(s+1) + \dfrac{1}{2}(s+3),$ pour trouver les autres variables procédons en donnant d'autres valeurs à s.

$s=-2$ on a $0=-\dfrac{1}{8}+B-C+\dfrac{1}{2}$ donc   B-C$=-\dfrac{3}{8}$

$s = 2$ on a $4 = \dfrac{27}{8} + 45B + 15C + \dfrac{5}{2}$ donc 3B+C$=-\dfrac{1}{8}$.

Les solutions de ce système de deux équations sont B$=-\dfrac{1}{8}$ C$=\dfrac{1}{4}$.

$alors : \dfrac{s+2}{(s+3)(s+1)^3} = \dfrac{1}{8(s+3)} - \dfrac{1}{8(s+1)} + \dfrac{1}{4(s+1)^2} + \dfrac{1}{2(s+1)^3}.$

$L^{-1}\left\{\dfrac{s+2}{(s+3)(s+1)^3}\right\} = \dfrac{1}{8}e^{-3t} - \dfrac{1}{8}e^{-t} + \dfrac{1}{4}te^{-t} + \dfrac{1}{4}t^2 e^{-t} = \dfrac{1}{8}e^{-t}[e^{-2t} -1 + 2t + 2t^2].$

I) *Produit de convolution.*

Soit $L\{f(t)\}=F(s)$ et $L\{g(t)\} = G(s)$, la transformée inverse de Laplace du produit $F(s).G(s)$ dénotée par $H(t) = (f*g)(t) = \int_0^t f(t-u)g(u)du, \forall t \geq 0$ est appelé le produit de convolution des fonctions f et g.

Propriété du produit de convolution. Le produit de convolution est commutative, c'est à dire :

$(f*g)(t) = (g*f)(t).$

Démonstration.

$(f*g)(t) = \int_0^t f(t-u)g(u)du.$ Posons v=t-u dv=-du ,avec ce changement de variable

$(f*g)(t) = \int_0^t f(t-u)g(u)du = -\int_t^0 f(v)g(t-v)dv = \int_0^t g(t-v)f(v)dv = (g*f)(t),$ par définition.

donc $(f*g)(t) = (g*f)(t).$

Nous allons prouver le théorème suivant pour trouver la transformée inverse de Laplace d'un produit de fonctions.

Théorème de convolution de la transformée inverse de Laplace.

Si f(t) et g(t) sont définies par morceaux sur n'importe quel intervalle des réels et possédant des transformées de Laplace données respectivement par F(s) et G(s).

Alors la transformée inverse de Laplace du produit F(s)G(S) est égale au produit de convolution $(\ f\ *\ g\ )(\ t\ )$.

131

Preuve :

Pour prouver le théorème il suffit d'établir que :

$$F(s)G(s) = L\left\{\int_0^t f(t-u)g(u)du\right\}$$

$$Or \; F(s)G(s) = [\int_0^\infty e^{-sv}f(v)dv][\int_0^\infty e^{-su}g(u)du] = \int_0^\infty \int_0^\infty e^{-s(v+u)}f(v)g(u)dvdu.$$

Le domaine de cette intégrale est le premier quadrant car u et v sont ≥ 0.

Posons une nouvelle variable définie par v=t-u donc u+v=t et dv=dt v étant constante dans l'intégration donc :

$$\int_0^\infty \int_0^\infty e^{-s(v+u)}f(v)g(u)dvdu = \int_0^\infty \int_0^\infty e^{-st}f(t-u)g(u)dtdu = \int_0^\infty [\int_u^\infty e^{-st}f(t-u)dt]g(u)du.$$

En changeant l'ordre d'intégration on a:

$$\int_0^\infty [\int_u^\infty e^{-st}f(t-u)dt]g(u)du = \int_0^\infty e^{-st}[\int_0^t f(t-u)g(u)du]dt. \text{Mais par définition de la transformée de Laplace:}$$

$$\int_0^\infty e^{-st}[\int_0^t f(t-u)g(u)du]dt = L\{\int_0^t f(t-u)g(u)du\}.$$

donc $F(s)G(s) = L\left\{\int_0^t f(t-u)g(u)du\right\}$ Ce qui entraîne que $\int_0^t f(t-u)g(u)du = L^{-1}\{F(s)G(s)\}$

Ce qui prouve le théorème.

a)Evaluer la transformée inverse de Laplace de :

$\dfrac{1}{s^2(s+1)^2}$ en utilisant le produit de convolution.

$L^{-1}\left\{\dfrac{1}{s^2}\right\} = t$ et $L^{-1}\left(\dfrac{1}{(s+1)^2}\right) = te^{-t}$. Par le théorème de convolution :

$$L^{-1}\left\{\frac{1}{s^2(s+1)^2}\right\} = \int_0^t (t-u)ue^{-u}du = \int_0^t (tue^{-u} - u^2 e^{-u})du = t\int_0^t ue^{-u}du - \int_0^t u^2 e^{-u}du.$$

L' intégration par parties donne

Or $t\int_0^t ue^{-u}du = t[-ue^{-u} - e^{-u}]_0^t$ et $\int_0^t u^2 e^{-u}du = [-u^2 e^{-u} - 2ue^{-u} - 2e^{-u}]_0^t$

donc $L^{-1}\left\{\dfrac{1}{s^2(s+1)^2}\right\} = t[-ue^{-u} - e^{-u}]_0^t - [-u^2 e^{-u} - 2ue^{-u} - 2e^{-u}]_0^t = te^{-t} + 2e^{-t} + t - 2$

132

b) Evaluer la transformée inverse de Laplace de :

$$\frac{1}{(s-2)(s+2)^2} = \frac{1}{(s-2)} \cdot \frac{1}{(s+2)^2}$$

$$f(t) = L^{-1}\left\{\frac{1}{(s-2)}\right\} = e^{2t} \quad g(t) = L^{-1}\left\{\frac{1}{(s+2)^2}\right\} = te^{-2t}$$

Par le théorème de convolution $L^{-1}\left\{\frac{1}{(s-2)(s+2)^2}\right\} = \int_0^t e^{2(t-u)}ue^{-2u}du$

$\int_0^t e^{2(t-u)}ue^{-2u}du = e^{2t}\int_0^t e^{-4u}udu$, l'intégration par partie de $\int_0^t e^{-4u}udu$ donne

$\int_0^t e^{-4u}udu = [-\frac{1}{4}ue^{-4u} - \frac{1}{16}e^{-4u}]_0^t$ donc $L^{-1}\left\{\frac{1}{(s-2)(s+2)^2}\right\} = -\frac{1}{4}e^{2t}[ue^{-4u} + \frac{1}{4}e^{-4u}]_0^t$.

ce qui donne $L^{-1}\left\{\frac{1}{(s-2)(s+2)^2}\right\} = -\frac{1}{4}te^{-2t} - \frac{1}{16}e^{-2t} + \frac{1}{16}e^{2t}$

J) *Résolution des équations différentielles par les transformées de Laplace.*

La méthode des transformées de Laplace pour résoudre des équations différentielles à coefficients constants, consiste à transformer l'équation différentielle en une équation algébrique. Cette méthode est très appliquée à des modèles d'équations non homogènes contenant une fonction g(t) définie par morceaux ou en termes des fonctions de Heaviside,

Elle peut aussi s'appliquer à des impulsions. Elle s'applique dans tous les cas à des problèmes de valeur initiale:

$ay'' + by' + cy = g(t)$ avec $y(0) = y_0, y'(0) = y_1$ ou à des équations similaires d'ordre n≥1.

133

Elle est un outil précieux et un complément indispensable aux méthodes de variation de paramètres et de coefficients indéterminés que nous avons vues.La méthode de transformées de Laplace, permet la résolution d'une équation différentielle en une seule étape. Nous n'avons pas à résoudre d'abord l'équation homogène associée pour trouver la solution complémentaire et ensuite trouver une solution particulière, comme c'était le cas pour les méthodes apprises, jusqu'à présent. Si au début, la somme de travail que nécessite l'application de transformées de Laplace est assez considérable, elle s'avère cependant très efficace quand la fonction d'appui, g(t) de l'équation non homogène devient compliquée et dans le cas limite lorsqu'elle est indéfinie .Dans ce cas, c'est la seule méthode qui peut donner une solution de telles équations. Nous allons montrer dans les prochaines pages, comment résoudre une grande variété d'équations différentielles grâce à ce nouvel outil.

I)   Equations   du   second   degré.

Exemple 1 .Décomposons $\dfrac{1}{(s^2 + 1)(s - 1)(s + 2)}$, en fractions partielles.

$$\frac{1}{(s^2 + 1)(s - 1)(s + 2)} = \frac{A}{(s - 1)} + \frac{B}{(s + 2)} + \frac{Cs + D}{(s^2 + 1)}$$

$$1 = A(s + 2)(s^2 + 1) + B(s - 1)(s^2 + 1) + (Cs + D)(s - 1)(s + 2).$$

Si $s = 1$ on trouve $A = \dfrac{1}{6}$ et si s=-2 on trouve B=$-\dfrac{1}{15}$

donc $1 = \dfrac{1}{6}(s + 2)(s^2 + 1) - \dfrac{1}{15}(s - 1)(s^2 + 1) + (Cs + D)(s - 1)(s + 2)$

$s = 0$ donne $1 = \dfrac{2}{6} + \dfrac{1}{15} - 2D$ donc $D = -\dfrac{3}{10}$

$s = -3$ donne $12C = -\dfrac{6}{5}$ C=$-\dfrac{1}{10}$. Alors :

$$Y(s) = \frac{1}{(s^2 + 1)(s - 1)(s + 2)} = \frac{1}{6(s - 1)} - \frac{1}{15(s + 2)} + \frac{-\dfrac{1}{10}s - \dfrac{3}{10}}{(s^2 + 1)}.$$

donc $y(t) = L^{-1}\{Y(s)\} = \dfrac{1}{6}e^t - \dfrac{1}{15}e^{-2t} - \dfrac{1}{10}\cos(t) - \dfrac{3}{10}\sin(t).$

C'est la solution de l'équation différentielle qui satisfait les conditions données.

Exemple 2.

Trouver par la transformée de Laplace, la solution de l'équation différentielle :
$y'' - 3y' + 2y = e^{3t}$ avec y(0)=1 et y'(0)=0. En prenant encore la transformée de Laplace de tous les termes, à gauche comme à doite de l'égalité:

$$L\{y'' - 3y' + 2y\} = \frac{1}{s-3}.$$

En utilisant la linéarité et les conditions initiales, on peut écrire:

$(s^2 Y(s)-s-0)+-3(sY(s)-1)+2Y(s)= \dfrac{1}{(s-3)}$ ce qui donne $(s^2-3s+2)Y(s) = \dfrac{1}{(s-3)} + s - 3$

$$Y(s) = \frac{1}{(s-3)(s-2)(s-1)} + \frac{s-3}{(s-2)(s-1)}$$

.

Faisons une double décomposition en fractions partielles.

$\dfrac{1}{(s-3)(s-2)(s-1)} = \dfrac{A}{(s-1)} + \dfrac{B}{(s-2)} + \dfrac{C}{(s-3)}$ ce qui est équivalent à

$1 = A(s-2)(s-3) + B(s-1)(s-3) + C(s-1)(s-2).$

En remplaçant succesivement s par 1,2 et 3,nous trouvons A$=\dfrac{1}{2}$, $B = -1$ et C$=\dfrac{1}{2}$

donc $\dfrac{1}{(s-3)(s-2)(s-1)} = \dfrac{1}{2(s-1)} - \dfrac{1}{(s-2)} + \dfrac{1}{2(s-3)}$

De la même façon. $\dfrac{s-3}{(s-2)(s-1)} = \dfrac{D}{(s-1)} + \dfrac{E}{(s-2)}$ ce qui est équivalent à :

$s - 3 = D(s-2) + E(s-1).$ Si s=2 on obtient $E = -1,$ *et* si s=1 cela donne $D=2.$

$\dfrac{s-3}{(s-2)(s-1)} = \dfrac{2}{(s-1)} - \dfrac{1}{(s-2)}$ et on déduit que :

$Y(s) = \dfrac{1}{2(s-1)} - \dfrac{1}{(s-2)} + \dfrac{1}{2(s-3)} + \dfrac{2}{(s-1)} - \dfrac{1}{(s-2)}$ et que nous simplifions,

pour obtenir $Y(s) = \dfrac{5}{2(s-1)} - \dfrac{2}{(s-2)} + \dfrac{1}{2(s-3)}$ et $L^{-1}\{Y(s)\} = \dfrac{5}{2}e^t - 2e^{2t} + \dfrac{1}{2}e^{3t}.$

$y(t) = \dfrac{5}{2}e^t - 2e^{2t} + \dfrac{1}{2}e^{3t}$ est donc la solution cherchée.

Exemple 3.

Trouver par la transformée de Laplace, la solution de l'équation différentielle :

$y'' + 3y' + 2y = 2t^2 + 2t + 2$ avec y(0)=2 et y'(0)=0.

$L\{y'' + 3y' + 2y\} = L\{2t^2 + 2t + 2\}$.

En utilisant la linéarité et les conditions initiales, on peut écrire:

$$(s^2(Y(s) - 2s - 0) + 3(sY(s) - 2) + 2Y(s) = \frac{4}{s^3} + \frac{2}{s^2} + \frac{2}{s}$$

$$Y(s)(s^2 + 3s + 2) = 2s + 6 + \frac{4}{s^3} + \frac{2}{s^2} + \frac{2}{s}$$

$Y(s) = \dfrac{2s^4 + 6s^3 + 2s^2 + 2s + 4}{s^3(s+1)(s+2)}$. Nous devons maintenant décomposer $\dfrac{2s^4 + 6s^3 + 2s^2 + 2s + 4}{s^3(s+1)(s+2)}$

$\dfrac{2s^4 + 6s^3 + 2s^2 + 2s + 4}{s^3(s+1)(s+2)} = \dfrac{A}{s} + \dfrac{B}{s^2} + \dfrac{C}{s^3} + \dfrac{D}{s+2} + \dfrac{E}{s+1}$ qui est équivalent à:

$2s^4 + 6s^3 + 2s^2 + 2s + 4 = As^2(s+2)(s+1) + Bs(s+2)(s+1) + C(s+2)(s+1) + Ds^3(s+1) + Es^3(s+2)$.

Nous avons 5 variables à trouver ma méthode consiste comme dans l'exercice précédent à donner à s des valeurs remarquables pour annuler la plupart des termes de droite et ainsi obtenir des résultats pour quelques variables. On procéde ensuite en inserant les valeurs obtenues dans l'équation et en donnant à s d'autres valeurs jusqu'à obtenir un système d'équations qui *permettra* de résoudre les autres variables.

$2s^4 + 6s^3 + 2s^2 + 2s + 4 = As^2(s+2)(s+1) + Bs(s+2)(s+1) + C(s+2)(s+1) + Ds^3(s+1) + Es^3(s+2)$

Si $s = 0$ alors $C = 2$ s=-2 donne 40-48=8D donc D=-1 et s=-1 donne E=0

Réecrivons l'équation en remplaçant les valeurs calculées pour obtenir :

$2s^4 + 6s^3 + 2s^2 + 2s + 4 = As^2(s+2)(s+1) + Bs(s+2)(s+1) + 2(s+2)(s+1) - s^3(s+1)$

Si $s = 2$ on a $2A + B = 4$ et s=1 donne A+B=1 on déduit de ce système que A=3 et B=-2.

donc $Y(s) = \dfrac{2s^4 + 6s^3 + 2s^2 + 2s + 4}{s^3(s+1)(s+2)} = \dfrac{3}{s} - \dfrac{2}{s^2} + \dfrac{2}{s^3} - \dfrac{1}{s+2}$ et $L^{-1}\{Y(s)\}$=3-2t+t^2 $- e^{-2t}$.

Rép: y(t)=3-2t+t^2 $- e^{-2t}$ est la solution de l'équation donnée.

Exemple 4.

Trouver par la transformée de Laplace, la solution de l'équation différentielle :
$y'' - 10y' + 9y = 5t$ avec y(0)=1 et y'(0)=0.

$L\{y'' - 10y' + 9y\} = \dfrac{5}{s^2}$

En utilisant la linéarité et les conditions initiales, on peut écrire :

$(s^2(Y(s) - s) - 10(sY(s) - 1) + 9Y(s) = \dfrac{5}{s^2}$

$Y(s)(s^2 - 10s + 9) = \dfrac{5}{s^2} + s - 10$ donc $Y(s) = \dfrac{5}{s^2(s-9)(s-1)} + \dfrac{s-10}{(s-9)(s-1)}$

$Y(s) = \dfrac{s^3 - 10s^2 + 5}{s^2(s-9)(s-1)}$. Par décomposition en fractions partielles,

$\dfrac{s^3 - 10s^2 + 5}{s^2(s-9)(s-1)} = \dfrac{A}{s} + \dfrac{B}{s^2} + \dfrac{C}{s-9} + \dfrac{D}{s-1}$ ou ce qui est équivalent :

$s^3 - 10s^2 + 5 = As(s-9)(s-1) + B(s-9)(s-1) + Cs^2(s-1) + Ds^2(s-9)$

Si $s = 0$ alors $B = \dfrac{5}{9}$, s=1 alors $D = \dfrac{1}{2}$ et s=9 donne -76=648C *donc* $C = -\dfrac{19}{162}$.

Alors $s^3 - 10s^2 + 5 = As(s-9)(s-1) + \dfrac{5}{9}(s-9)(s-1) - \dfrac{19}{162}s^2(s-1) + \dfrac{1}{2}s^2(s-9)$

Pour trouver maintenant la valeur de A donnons 2 comme valeur de s.

On trouve $A = -\dfrac{50}{81}$ donc

$\dfrac{s^3 - 10s^2 + 5}{s^2(s-9)(s-1)} = -\dfrac{50}{81s} + \dfrac{5}{9s^2} + \dfrac{-19}{162(s-9)} + \dfrac{1}{2(s-1)}$

$L^{-1}\left\{\dfrac{-s^3 + 12s^2 + 5}{s^2(s-9)(s-1)}\right\} = --\dfrac{50}{81} + \dfrac{5}{9}t - \dfrac{19}{162}e^{9t} + \dfrac{1}{2}e^t$.

Re p : $y(t) = -\dfrac{50}{81} + \dfrac{5}{9}t - \dfrac{19}{162}e^{9t} + \dfrac{1}{2}e^t$ *est* la solution vérifiant les conditions

initiales.

Exemple 5. Trouver par la transformée de Laplace la solution de l'équation différentielle $y'' - 7y' + 12y = e^{2t}$ avec y(0)=0 et y'(0)=1.

En appliquant la trasformée de Laplace aux deux membres de l'équation:

$Y(s)(s^2 - 7s + 12) = \dfrac{1}{(s-2)} + 1$ qui se simplifie en :

$Y(s) = \dfrac{s-1}{(s-2)(s-3)(s-4)}$. Decomposons en fractions partielles Y(s).

$\dfrac{s-1}{(s-2)(s-3)(s-4)} = \dfrac{A}{(s-2)} + \dfrac{B}{(s-3)} + \dfrac{C}{(s-4)}$ qui est équivalent à l'expression,

$s-1 = A(s-3)(s-4) + B(s-2)(s-4) + C(s-2)(s-3)$.

Si s=3 alors 2=-B et si s=4 alors 3=2C et pour s=0 on a -1=12A+8B+6C.

On déduit donc que B=-2,C=$\dfrac{3}{2}$ et A=$\dfrac{1}{2}$, donc $Y(s) = \dfrac{1}{2(s-2)} - \dfrac{2}{(s-3)} + \dfrac{3}{2(s-4)}$.

y(t)=$L^{-1}\{Y(s)\} = \dfrac{1}{2}e^{2t} - 2e^{3t} + \dfrac{3}{2}e^{4t}$ et donc y(t)=$\dfrac{1}{2}e^{2t} - 2e^{3t} + \dfrac{3}{2}e^{4t}$ est la solution de l'équation.

II) Equations différentielles avec fonction Heaviside.

Nous savons que $L\{u(t-a)f(t-a)\} = e^{-\alpha t}F(s)$ où $L\{f(t)\} = F(S)$, u(t-a) est la fonction de heaviside et que $L^{-1}\{e^{-\alpha t}F(s)\} = u(t-a)f(t-a)$.

Exemple 1.

$y''-y'+5y=4+u(t-2)e^{4-2t}$ avec conditions initiales y(0)=2 y'(0)=-1.

On doit réécrire l'équation pour montrer la translation t-2 dansla fonction e^{-2t} car $e^{4-2t} = e^{-2(t-2)}$.

C'est bien la fonction e^{-2t} qui subit une translation de 2 unités, on doit donc écrire

$y''-y'+5y=4+u(t-2)e^{-2(t-2)}$ et $s^2Y(s) - 2s + 1 - (sY(s) - 2) + 5Y(s) = \dfrac{4}{s} + e^{-2s}\dfrac{1}{(s+2)}$

$(s^2 - s + 5)Y(s) = \dfrac{4}{s} + e^{-2s}\dfrac{1}{(s+2)} - 3 = \dfrac{2s^2 - 3s + 4}{s} + e^{-2s}\dfrac{1}{(s+2)}$

$Y(s) = \dfrac{2s^2 - 3s + 4}{s(s^2 - s + 5)} + e^{-2s}\dfrac{1}{(s+2)(s^2 - s + 5)}$

$Y(s) = F(s) + e^{-2s}G(s)$ avec $F(s) = \dfrac{2s^2 - 3s + 4}{s(s^2 - s + 5)}$ et $G(s) = \dfrac{1}{(s+2)(s^2 - s + 5)}$.

$F(s) = \dfrac{A}{s} + \dfrac{Bs+c}{s^2 - s + 5}$ ou $2s^2 - 3s + 4 = (A+B)s^2 + (C - A)s + 5A$.

En identifiant les coéfficients de même puissances on a

A=$\dfrac{4}{5}$, $C - A = -3$ et $A + B = 2$ d'où B=$\dfrac{6}{5}$ et C=$-\dfrac{11}{5}$

Comme $Y(s) = F(s) + e^{-2s}G(s)$ la transformée inverse de cette somme est donc

y(t)=$f(t) + u(t-2)g(t-2)$ $f(t)$ et $g(t)$ sont les fonctions que nous venons de calculer. Pour la simplicité, on peut laisser la réponse sous cette forme, cependant pour ceux qui préfèrent tous les détails cette réponse :

$y(t) = \dfrac{1}{5}(4 + 6e^{\frac{1}{2}t}\cos(\dfrac{\sqrt{19}}{2}t) - \dfrac{16}{\sqrt{19}}e^{\frac{1}{2}t}\sin(\dfrac{\sqrt{19}}{2}t) + u(t-2)\dfrac{1}{11}(e^{-2(t-2)} - e^{\frac{1}{2}(t-2)}\cos(\dfrac{\sqrt{19}}{2}(t-2)$

$+ \dfrac{5}{\sqrt{19}}\sin(\dfrac{\sqrt{19}}{2}(t-2))$

Exemple 2.

y″-y′=cos(2t))+u(t-6)cos(2t-12) avec y(0)=-4 et y′(0)=0

On doit réécrire cette équation pour montrer la translation t-6 dans la fonction cos(2t-12).

y″-y′=cos(2t))+u(t-6)cos(2(t-6))

$$s^2 Y(s) + 4s - (sYs + 4) + = \frac{s}{s^2 + 4} + e^{-6s} \frac{s}{s^2 + 4}$$

$(s^2$-s)Y(s)=$\dfrac{s}{s^2 + 4} + e^{-6s} \dfrac{s}{s^2 + 4} - 4(s-1)$ et en simplifiant on a:

Y(s)=$\dfrac{1 + e^{-6s}}{(s^2 + 4)(s - 1)} - \dfrac{4}{s}$ donc $Y(s) = (1 + e^{-6s})F(s) - \dfrac{4}{s}$ où :

$F(s) = \dfrac{1}{(s^2 + 4)(s - 1)} = \dfrac{A}{(s - 1)} + \dfrac{Bs + C}{(s^2 + 4)}$ ce qui est équivalent à

$1 = A(s^2 + 4) + (Bs + C)(s - 1)$ ou $1 = (A + B)s^2 + (C - B)s + 4A - C$

donc $(A + B) = 0$ $(C - B) = 0$ et $4A - C = 1$.De ces trois équations on déduit que :

A=$\dfrac{1}{5}$, B=$-\dfrac{1}{5}$, C=$-\dfrac{1}{5}$ et $F(s) = \dfrac{1}{5}(\dfrac{1}{(s - 1)} - \dfrac{s}{(s^2 + 4)} - \dfrac{1}{(s^2 + 4)})$ donc :

$$L^{-1}\{F(s)\} = f(t) = \frac{1}{5}(e^t - \cos(2t) - \frac{1}{2}\sin(2t))$$

Y(s) = $(1 + e^{-6s})F(s) - \dfrac{4}{s}$ a donc pour transformée inverse de Laplace:

y(t)=$f(t) + u(t - 6)f(t - 6) - 4$ ou :

y(t) = $\dfrac{1}{5}(e^t - \cos(2t) - \dfrac{1}{2}\sin(2t)) + u(t - 6)\dfrac{1}{5}(e^{(t-6)} - \cos(2(t - 6)) - \dfrac{1}{2}\sin(2(t - 6)) - 4$

Exemple 3: y″+3y″+2y=g(t) avec y(0)=0 et y′(0)=-2 si g(t) est définie par morceaux.

$$g(t)=\begin{cases} 2 & \text{si } t<6 \\ t & \text{si } 6\le t<10 \\ 4 & \text{si } t\ge 10. \end{cases}$$

Exprimons g(t) en termes des fonctions de Heavyside:

$g(t) = 2 + (t\text{-}2)u(t-6) + (4-t)u(t-10)$. Maintenant il s'agit de faire apparaître la bonne translation définie par chaque fonction Heavyside.

$g(t) = 2 + (t\text{-}2)u(t-6) + (4-t)u(t-10) = 2 + (t-6+4)u(t-6) + (-6-(t-10))u(t-10)$.

La fonction $t+4$ a été translatée par $u(t-6)$ et $-6-t$ par $u(t-10)$.

$$s^2Y(s) - 0s + 2 + 3(sY(s) - 0) + 2Y(s) = \frac{2}{s} + e^{-6s}(\frac{1}{s^2} + \frac{4}{s}) + e^{-10s}(-\frac{1}{s^2} - \frac{6}{s})$$

$$(s+1)(s+2)Y(s) = \frac{2}{s} + e^{-6s}(\frac{1}{s^2} + \frac{4}{s}) + e^{-10s}(-\frac{1}{s^2} - \frac{6}{s}) - 2$$

$$(s+1)(s+2)Y(s) = \frac{2 + 4e^{-6s} - 6e^{-10s}}{s} + \frac{e^{-6s} - e^{-10s}}{s^2} - 2$$

$$Y(s) = \frac{2 + 4e^{-6s} - 6e^{-10s}}{s(s+1)(s+2)} + \frac{e^{-6s} - e^{-10s}}{s^2(s+1)(s+2)} - \frac{2}{(s+1)(s+2)}$$

$$Y(S) = (2 + 4e^{-6s} - 6e^{-10s})F(s) + (e^{-6s} - e^{-10s})G(s) - H(s).$$

On a simplifié le plus possible la forme de cette transformée de Laplace. Il reste malgré tout trois décompositions en fractions partielles .

$$F(s) = \frac{1}{s(s+1)(s+2)} = \frac{A}{s} + \frac{B}{s+1} + \frac{C}{s+2} \text{ ce qui est équivalent à :}$$

$1 = A(s+1)(s+2) + Bs(s+2) + Cs(s+1)$

Si $s = 0$ alors $A = \frac{1}{2}$ et s=-1 donne $B = -1$ et s=-2 donne C=$\frac{1}{2}$

$$F(s) = \frac{\frac{1}{2}}{s} - \frac{1}{s+1} + \frac{\frac{1}{2}}{s+2} \text{ donc } f(t) = \frac{1}{2} - e^{-t} + \frac{1}{2}e^{-2t}.$$

$$G(s) = \frac{1}{s^2(s+1)(s+2)} = \frac{A}{s} + \frac{B}{s^2} + \frac{C}{s+1} + \frac{D}{s+2}, \text{ alors :}$$

$1 = As(s+1)(s+2) + B(s+2)(s+1) + Cs^2(s+2) + Ds^2(s+1)$

Si $s = 0$ alors $B = \dfrac{1}{2}$, s=-1 donne $C = 1$, s=-2 donne $D = -\dfrac{1}{4}$ en remplaçant ces valeurs:

$1 = As(s+1)(s+2) + \dfrac{1}{2}(s+2)(s+1) + s^2(s+2) - \dfrac{1}{4}s^2(s+1)$. Pour trouver A, donnons

à s la valeur 1 ce qui donne $A = -\dfrac{3}{4}$ donc $G(s) = \dfrac{-\dfrac{3}{4}}{s} + \dfrac{\dfrac{1}{2}}{s^2} + \dfrac{1}{s+1} - \dfrac{\dfrac{1}{4}}{s+2}$ et

$g(t) = -\dfrac{3}{4} + \dfrac{1}{2}t + e^{-t} - \dfrac{1}{4}e^{-2t}$. On laisse le lecteur vérifier facilement que la

décomposition de $H(s) = \dfrac{2}{(s+1)(s+2)}$ donne $\dfrac{2}{s+1} - \dfrac{2}{s+2}$

donc $h(t) = 2e^{-t} - 2e^{-2t}$.

$Y(s) = (2 + 4e^{-6s} - 6e^{-10s})F(s) + (e^{-6s} - e^{-10s})G(s) - H(s)$ que nous pouvons encore simplifier par fonction semblable de Heaviside:

$Y(s) = 2F(s) + e^{-6s}(4F(s) + G(s)) - e^{-10s}(6F(s) + G(s)) - H(s)$ et la solution $y(t)$ est:

$2f(t) + u(t-6)(4f(t-6) + g(t-6)) - u(t-10)(6f(t-10) + g(t-10)) - 2e^{-t} + 2e^{-2t}$.

$f(t)$ et $g(t)$ definies telles qu'elles ont été trouvées plus haut.

III) Equations différentielles avec fonction delta de Dirac.

Quand nous avons introduit la fonction Heaviside on a observé que nous pouvons les considérer comme des activateurs qui peuvent changer la définition d'une fonction g(t) sur des intervalles de temps. Nous pouvons souvent de cette manière, exprimer une fonction définie par morceaux, en termes de fonctions Heaviside .

Ces fonctions ne peuvent pas être employées pour exprimer des impulsions ou des forces qui agissent sur un trés petit intervalle de temps. La fonction delta de Dirac donne un modéle mathématiques pour exprimer des telles fonctions et est très employée en physique et surtout dans des problèmes où intervient des forces d'impulsion.

Fonction impulsion unité   (distribution de Dirac).On peut définir la fonction impulsion unité en 0 noté $\delta(t)$ come une fonction qui est nulle partout sauf en un point t_0 où elle prend une valeur infinie. La distribution de Dirac est la limite de l'impulsion $\delta_\varepsilon(t)$ représentée par la figure ci-dessus lorsque ε tend vers tend vers 0. Mais $\delta_\varepsilon(t)$ ne tend pas vers une limite au sens de fonction mais de distribution. Impulsion $\delta_\varepsilon(t)$.

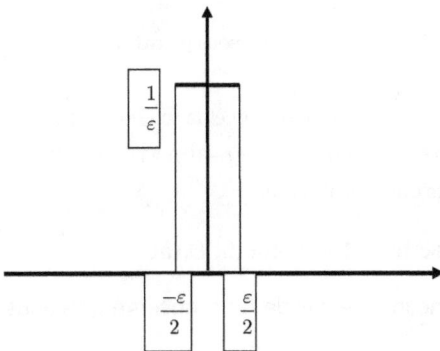

$$\delta_\varepsilon(t-a)=\begin{cases} \dfrac{1}{\varepsilon} \ \text{si} \ a-\dfrac{\varepsilon}{2}\leq t\leq a+\dfrac{\varepsilon}{2} \\ 0 \ \text{autrement} \end{cases}$$

L' aire sous la courbe est toujours égale à 1 $\vee\varepsilon>0$ car $\varepsilon\times\dfrac{1}{\varepsilon}=1.$

On a donc en un point a $\delta(t\text{-}a)=\lim\limits_{\varepsilon-0}\lim\delta_\varepsilon(t\text{-}a)=\infty$ et il s'ensuit d'après la remarque sur l'aire que

$$\int_{-\infty}^{\infty}\delta(t\text{-}a)dt=\int_{a-\frac{\varepsilon}{2}}^{a+\frac{\varepsilon}{2}}\delta(t\text{-}a)dt=\int_{a-\frac{\varepsilon}{2}}^{a+\frac{\varepsilon}{2}}\lim_{x=0}\delta_\varepsilon(t\text{-}a)dt=\lim_{x=0}\int_{a-\frac{\varepsilon}{2}}^{a+\frac{\varepsilon}{2}}\delta_\varepsilon(t\text{-}a)dt=1.$$

L'intégration pouvant être prise sur tout intervalle contenant le point a.

La fonction de Dirac est une étrange fonction qui est nulle partout sauf en un point. Même dans ce point elle peut être indéfinie ou avoir une valeur infinie.

Malgré ce comportement bizarre, elle rend bien compte des phénomènes impulsifs. Ce n'est pas une fonction, elle fait plutôt partie des fonctions généralisées ou des distributions.

A) Propriété de la fonction de Dirac : Pour toute fonction f(t) on a :

$$\int_{-\infty}^{\infty} f(t)\delta(t-a)dt = f(a).$$

Démonstration.

Pour démontrer ce théorème comme $\delta(t-a)=0$ presque partout sur , on peut réduire les bornes d'intégration à l'intervalle $[a-\frac{\xi}{2}, a+\frac{\xi}{2}]$ et prendre ξ très petit. Donc :

$\int_{-\infty}^{\infty} f(t)\delta(t-a)dt = .\int_{a-\frac{\xi}{2}}^{a+\frac{\xi}{2}} f(t)\delta(t-a)dt.$ Dans cet intervalle aussi petit que l'on veut, la fonction f(t) peut être considérée comme une constante égale à $f(a)$ et qu'on peut sortir de l'intégrale, on a alors.

$\int_{-\infty}^{\infty} f(t)\delta(t-a)dt = f(a)\int_{a-\frac{\xi}{2}}^{a+\frac{\xi}{2}} \delta(t-a)dt.$ Comme par définition $\int_{a-\frac{\xi}{2}}^{a+\frac{\xi}{2}} \delta(t-a)dt = 1$ donc

$\int_{-\infty}^{\infty} f(t)\delta(t-a)dt = f(a).$ Ce qui prouve la propriété..

Utilisons maintenant la propriété démontrée pour trouver la transformée de Laplace de la fonction de Dirac.

145

$L\{\delta(t-a)\} = \int_0^\infty e^{-st}\delta(t-a)dt$ s>0 par définition, mais par la propriété de la fonction de Dirac

$\int_0^\infty e^{-st}\delta(t-a)dt = e^{-sa}$, donc $L\{\delta(t-a)\} = e^{-sa}$. La transformée de Laplace de la distribution unité $\delta(t)$ $(a=0)$ est donc égale à 1.

Exemple1 : *Résoudre* l'équation différentielle suivante:

y″+2y′-15y=6δ(t-9) avec y(0)=-5 et y′(0)=7

Prenons la transformée de Laplace de tous les membres de l'équation comme nous le faisons d'habitude, en tenant compte des valeurs initiales.

$s^2Y(s) + 5s - 7 + 2(sY(s) + 5) - 15Y(s) = 6e^{-9s}$

$(s+5)(s-3)Y(s) = 6e^{-9s} - (5s+3)$

$Y(s) = \dfrac{6e^{-9s}}{(s+5)(s-3)} - \dfrac{(5s+3)}{(s+5)(s-3)}$ donc $Y(s) = 6e^{-9s}F(s) - G(s)$.

où $F(s) = \dfrac{1}{(s+5)(s-3)} = \dfrac{\frac{1}{8}}{s-3} - \dfrac{\frac{1}{8}}{s+5}$ et $f(t) = \dfrac{1}{8}e^{3t} - \dfrac{1}{8}e^{-5t}$.

Et $G(s) = \dfrac{(5s+3)}{(s+5)(s-3)} = \dfrac{A}{s-3} + \dfrac{B}{s+5}$ ce qui donne :

$(5s+3) = A(s+5) + B(s-3)$

Si $s=3$ on a que $A = \dfrac{9}{4}$, pour s=-5 on trouve $B = \dfrac{11}{4}$ et

$G(s) = \dfrac{(5s+3)}{(s+5)(s-3)} = \dfrac{\frac{9}{4}}{s-3} + \dfrac{\frac{11}{4}}{s+5}$.

$L^{-1}(G(s)) = g(t) = \dfrac{9}{4}e^{3t} + \dfrac{11}{4}e^{-5t}$, donc $Y(s) = 6e^{-9s}F(s) - G(s)$ a pour transformée inverse de Laplace $y(t)=6u(t-9)f(t-9) - g(t)$. $f(t)$ et $g(t)$ telles que trouvées.

Réponse : y(t)=6u$(t-9)(\dfrac{1}{8}e^{3(t-9)} - \dfrac{1}{8}e^{-5(t-9)}) - (\dfrac{9}{4}e^{3t} + \dfrac{11}{4}e^{-5t})$ est la solution de l'équation.

Exemple 2.Resoudre l'équation différentielle suivante:

2y″+10y=3u$(t-12)-5\delta(t-4)$ avec y(0)=-1 et y′(0)=-2.

$$2(s^2 Y(s) + s + 2) + 10Y(s) = \frac{3e^{-12s}}{s} - 5e^{-4s}$$

$$2(s^2 + 5)Y(s) = \frac{3e^{-12s}}{s} - 5e^{-4s} - 2(s+2)$$

$$Y(s) = \frac{3e^{-12s}}{2s(s^2+5)} - \frac{5e^{-4s}}{2(s^2+5)} - \frac{(s+2)}{(s^2+5)}$$

$$Y(s) = 3e^{-12s}F(s) - 5e^{-4s}G(s) - H(s).$$

$$F(s) = \frac{1}{2s(s^2+5)} = \frac{A}{2s} + \frac{Bs+C}{(s^2+5)}, \text{ ce qui est équivalent à } 1 = A(s^2+5) + (Bs+C)2s$$

donc $1 = s^2(A+2B) + 2Cs + 5A$ et $(A+2B) = 0$ $2C = 0$ et $5A = 1$

donc A=$\frac{1}{5}$ C=0 B=-$\frac{1}{10}$

$$F(s) = \frac{1}{10s} - \frac{s}{10(s^2+5)} \text{ et } f(t) = \frac{1}{10} - \frac{1}{10}\cos(\sqrt{5}t).$$

$$G(s) = \frac{1}{2(s^2+5)} = \frac{\frac{\sqrt{5}}{\sqrt{5}}}{2(s^2+5)} = \frac{\sqrt{5}}{2\sqrt{5}(s^2+5)} \text{ et } g(t) = \frac{1}{2\sqrt{5}}\sin(\sqrt{5}t)$$

$$H(s) = \frac{s}{(s^2+5)} + \frac{2}{(s^2+5)} \text{ et } h(t) = \cos(\sqrt{5}t) + \frac{2}{\sqrt{5}}\sin(\sqrt{5}t)$$

Si $Y(s) = 3e^{-12s}F(s) - 5e^{-4s}G(s) - H(s)$ on a que la transformée inverse de Laplace est

$$y(t) = 3u(t-12)(\frac{1}{10} - \frac{1}{10}\cos(\sqrt{5}(t-12))) - 5u(t-4)(\frac{1}{2\sqrt{5}}\sin(\sqrt{5}(t-4)))$$

$$-(\cos(\sqrt{5}t) + \frac{2}{\sqrt{5}}\sin(\sqrt{5}t))$$

*E*xemple 3.Resoudre l'équation différentielle suivante:

y″-3y′-4y=2δ(t-3)+u(t-5) avec y(0)=0 et y′(0)=-2.

$s^2 Y(s) - 3Y(s) - 4Y(s) = 2e^{-3s} + \dfrac{e^{-5s}}{s}$. On obtient par simplification:

$Y(s) = \dfrac{2e^{-3s}}{(s+1)(s-4)} + \dfrac{e^{-5s}}{s(s+1)(s-4)} = 2e^{-3s}F(s) + e^{-5s}G(s)$

$Y(s) = 2e^{-3s}(\dfrac{1}{5(s-4)} - \dfrac{1}{5(s+1)}) + e^{-5s}(-\dfrac{1}{4s} + \dfrac{1}{5(s+1)} + \dfrac{1}{20(s-4)})$

Nous laissons le lecteur vérifier la justesse des décompositions en fractions de

$F(s) = \dfrac{1}{(s+1)(s-4)}$ et G(s)=$\dfrac{1}{s(s+1)(s-4)}$ écrites ci-dessus.

$D'où\ f(t) = \dfrac{1}{5}(e^{4t} - e^{-t})\ et\ g(t) = -\dfrac{1}{4} + \dfrac{1}{5}e^{-t} + \dfrac{1}{20}e^{4t}$

$Y(s) = 2e^{-3s}F(s) + e^{-5s}G(s)\ alors\ y(t) = u(t-3)\dfrac{2}{5}(e^{4(t-3)} - e^{-(t-3)})\ + u(t-5)\ \dfrac{1}{20}(-5 + 4e^{-(t-5)} + e^{4(t-5)}).$

Relation entre la fonction delta de Dirac et la fonction Heaviside.

Il existe une relation entre les fonctions heaviside et delta de Dirac.

En effet considérons l'expression :

$\int_{-\infty}^{t} \delta(t-a)dt, d'après$ les propriétés de $\delta(t-a)$:

$\int_{-\infty}^{t} \delta(t-a)dt = 0$ si t<a et $\int_{-\infty}^{t} \delta(t-a)dt = 1$ si t ≥ a. Ceci est la même définition

que celle de la fonction Heavyside u$(t-a)$. *Par consequent* u$(t-a) = \int_{-\infty}^{t} \delta(t-a)dt.$

Par le théorème fondamental du calcul intégral on a donc $\dfrac{d}{dt}(u(t-a)) = \delta(t-a).$

La fonction de Dirac est donc la dérivée par rapport au temps de la fonction Heavyside.

i) Equations différentielles avec fonction g(t), de l'équation

non homogène inconnue.

Quand la fonction g(t) est inconnue nous devons employer le théorème de convolution pour la résolution d'une telle équation, comme le montre l'exemple suivant.

Résoudre l'équation différentielle suivante :

$4y'' + y = g(t)$ $g(t)$ étant continue et d'ordre exponentielle pour les conditions initiales $y(0)=3$ et $y'(0)=-7$.

$4(Y(s)s^2 - 3s + 7) + Y(s) = G(s)$ où $G(s)=L\{g(t)\}$

$(4s^2+1)Y(s) = G(s) + 12s - 28$ alors $Y(s) = \dfrac{G(s)}{4(s^2+(\frac{1}{2})^2)} + \dfrac{12s-28}{4(s^2+(\frac{1}{2})^2)}$

$Y(s) = \dfrac{G(s)}{4\left(s^2+\left(\frac{1}{2}\right)^2\right)} + \dfrac{3s}{\left(s^2+\left(\frac{1}{2}\right)^2\right)} - \dfrac{7}{\left(s^2+\left(\frac{1}{2}\right)^2\right)} = \dfrac{G(s)}{4\left(s^2+\left(\frac{1}{2}\right)^2\right)} + \dfrac{3s}{\left(s^2+\left(\frac{1}{2}\right)^2\right)} - 14\dfrac{\frac{1}{2}}{\left(s^2+\left(\frac{1}{2}\right)^2\right)}$

donc $Y(s)$ a pour fonction inverse de Laplace.

$y(t) = 3\cos\left(\dfrac{1}{2}t\right) - 14\sin\left(\dfrac{1}{2}t\right) + \dfrac{1}{4}L^{-1}\left\{G(s)\dfrac{1}{\left(s^2+(\frac{1}{2})^2\right)}\right\}$. Or $L^{-1}\left\{\dfrac{1}{\left(s^2+(\frac{1}{2})^2\right)}\right\} = 2\sin\left(\dfrac{t}{2}\right)$ et

par le théorème de convolution $\dfrac{1}{4}L^{-1}\left\{G(s)\dfrac{1}{\left(s^2+(\frac{1}{2})^2\right)}\right\} = \dfrac{1}{2}\int_o^t \sin\left(\dfrac{x}{2}\right)g(t-x)dx$.

La solution de l'équation est $y(t) = 3\cos\left(\dfrac{1}{2}t\right) - 14\sin\left(\dfrac{1}{2}t\right) + \dfrac{1}{2}\int_o^t \sin\left(\dfrac{x}{2}\right)g(t-x)dx$.

Il est donc remarquable que nous puissions résoudre l'équation différentielle même quand la fonction d'appui $g(t)$ de l'équation non homogène est inconnue. Ceci est donc très pratique pour générer des solutions de l'équation en fonction du choix de $g(t)$, puisque pour chaque choix de l'équation proposée, il suffira de calculer $\int_o^t \sin(x)g(t-x)dx$ pour avoir la solution.

V) Equations différentielles à coefficients non constants.

Dans cette section nous allons résoudre, des formes restreintes d'équations à coéfficients non constants. Pour ces équations nous devons nous servir de la propriété suivante.

Si $f(t)$ est une fonction continue sur $[0,\infty$ et est d'ordre exponentielle alors $\lim\limits_{s\to\infty}F(s)=0$.

Demonstration

par définition la fonction $f(t)$ est d'ordre exponentielle σ alors $\left|f(t)\right|\le Me^{\sigma t}$ $\forall t\ge 0$.

$$\left|F(s)\right|=\left|\int_0^\infty e^{-st}f(t)dt\right|\le\int_0^\infty e^{-st}\left|f(t)\right|dt\le M\int_0^\infty e^{-st}e^{\sigma t}dt=\frac{M}{(s-\sigma)}[e^{-(s-\sigma)t}]_0^\infty=\frac{M}{(s-\sigma)}\ \text{car }s>\sigma.$$

et donc $\lim\limits_{s\to\infty}F(s)\le\lim\limits_{s\to\infty}\dfrac{M}{(s-\sigma)}=0$

Exemple 1.Résoudre l'équation différentielle $y''+3ty'-6y=2$ avec $y(0)=0$ $y'(0)=0$

comme $L\{ty'\}=-\dfrac{d}{ds}(L\{y'\})=-\dfrac{d}{ds}(sY(s)-0)=-sY'(s)-Y(s)$

Prenons maintenant la transformée de Laplace de chaque terme de l'équation:

$$s^2Y(s)-0s-0+3(-sY'(s)-Y(s))-6Y(s)=\frac{2}{s}$$

$$-3sY'(s)+(s^2-9)Y(s)=\frac{2}{s}\ \text{et donc }Y'(s)+(\frac{3}{s}-\frac{s}{3})Y(s)=\frac{2}{3s^2}.$$

On a donc transformée l'équation donnée, en une équation linéaire du premier ordre,

qui a pour facteur intégrant $e^{\int(\frac{3}{s}-\frac{s}{3})ds}=e^{\ln(s^3)-\frac{s^2}{6}}=s^3e^{-\frac{s^2}{6}}$ en multipliant les termes de

$Y'(s)+(\dfrac{3}{s}-\dfrac{s}{3})Y(s)=-\dfrac{2}{3s^2}$ par le facteur intégrant cela donne :

$$s^3e^{-\frac{s^2}{6}}Y'(s)+s^3e^{-\frac{s^2}{6}}(\frac{3}{s}-\frac{s}{3})Y(s)=-\frac{2}{3}se^{-\frac{s^2}{6}}\ \text{ou }(s^3e^{-\frac{s^2}{6}}Y(s))'=-\frac{2}{3}se^{-\frac{s^2}{6}}$$

donc $(s^3e^{-\frac{s^2}{6}}Y(s))=2\int-\dfrac{1}{3}se^{-\frac{s^2}{6}}ds=2e^{-\frac{s^2}{6}}+c$ et $Y(s))=\dfrac{2}{s^3}+\dfrac{c}{s^3}e^{\frac{s^2}{6}}.$

Nous avons trouver maintenant la transformée de Laplace de la solution, mais à cause du second terme elle ne ressemble, à aucune des formes de transformations que nous avons vues. C'est ici que la propriété des fonctions d'ordre exponentielle va nous aider. En effet quelle que soit la forme de la solution

nous savons que $\lim\limits_{s\to\infty}F(s)=0$. Donc $\lim\limits_{s\to\infty}(\dfrac{2}{s^3}+\dfrac{c}{s^3}e^{\frac{s^2}{6}})=0$. *Le* premier terme tend vers zéro, le deuxième tendra

vers zéro si $c=0$. La transformée de Laplace de la solution est donc $\dfrac{2}{s^3}$, ce qui correspond à la solution $y(t)=t^2$

K) Résolution d'un système d'équation différentielles par la transformée de Laplace. Dans cette section nous allons résoudre des systèmes d'équations différentielles en utilisant les transformées de **Laplace.**

Exemple 1;Résoudre le système d'èquation différentielles donnée pour les valeurs initiales.

u'+u-v=0   avec u(0)=1 v(0)=2

v'-u+v=2

Procedons en prenant la transformée de Laplace de chaque équation comme on le faisait pour la résolution d'une seule équation.

(sU(s)-1)+U(s)-V(s)=0 on obtient   1) $(s+1)U(s) - V(s) = 1$

(sV(s)-2)-U(s)+V(s)$=\dfrac{2}{s}$ on obteint 2) $-U(s) + (s+1)V(s) = \dfrac{2}{s} + 2 = \dfrac{2(1+s)}{s}$.

Eliminons V(s) entre ces deux équations:

$(s+1)^2 U(s) - V(s)(s+1) = (s+1)$ et $-U(s) + (s+1)V(s) = \dfrac{2(1+s)}{s}$

$(s^2 + 2s)U(s) = (s+1) + \dfrac{2(1+s)}{s}$ donc $(s^2 + 2s)U(s) = \dfrac{s^2 + 3s + 2}{s} = \dfrac{(s+1)(s+2)}{s}$

et $U(s) = \dfrac{(s+1)}{s^2}$.Maintenant de la première équation V(s)= (s+1)U(s)−1 donc V(s)$= \dfrac{2s+1}{s^2}$.

Si $U(s) = \dfrac{(s+1)}{s^2}$ alors $u(t) = L^{-1}\left(\dfrac{(s+1)}{s^2}\right) = L^{-1}\left(\dfrac{1}{s} + \dfrac{1}{s^2}\right) = 1 + t$.

$V(s) = \dfrac{2s+1}{s^2}$ alors $v(t) = L^{-1}\left(\dfrac{2s+1}{s^2}\right) = 2 + t$

Rép: $u(t) = 1 + t$ et $v(t) = 2 + t$.

Exemple 2 ;Résoudre le système d'équation différentielles donnée pour les valeurs initiales.

$y' + z = t$ avec condition initiale y(0)=1 z(0)=-1

$z' + 4y = 0$

Si L{z}=Z(s) et L{y}=Y(s) on a:

sY(s)-1+Z(s) = $\dfrac{1}{s^2}$ ce qui donne   1) sY(s) + Z(s)= $\dfrac{1+s^2}{s^2}$

$4Y(S) + sZ(s) + 1 = 0$ ce qui donne 2) $4Y(S) + sZ(s) = -1$

Alors $s^2Y(s) + sZ(s) = \dfrac{1+s^2}{s}$

et $-4Y(S) - sZ(s) = 1$

Eliminons Z(s) entre ces deux équations :

$(s^2 - 4)Y(s) = \dfrac{s^2 + s + 1}{s}$ donc $Y(s) = \dfrac{s^2 + s + 1}{s(s^2 - 4)}$

Or de 2) on déduit $Z(s) = \dfrac{1}{s}(-4Y(S) - 1)$ alors $Z(s) = -\dfrac{s^3 + 4s^2 + 4}{s^2(s^2 - 4)}$

$\dfrac{s^2 + s + 1}{s((s^2 - 4))} = \dfrac{A}{s} + \dfrac{B}{s - 2} + \dfrac{C}{s + 2}$

$s^2 + s + 1 = A(s - 2)(s + 2) + Bs(s + 2) + Cs(s - 2)$

Si $s = 2$ on a $B = \dfrac{7}{8}$ s=-2, on a $C = \dfrac{3}{8}$ et s=0 on a $A = -\dfrac{1}{4}$

$\dfrac{s^2 + s + 1}{s((s^2 - 4))} = \dfrac{-\dfrac{1}{4}}{s} + \dfrac{\dfrac{7}{8}}{s - 2} + \dfrac{\dfrac{3}{8}}{s + 2}$

$y(t) = L^{-1}\{Y(s)\} = L^{-1}\left\{\dfrac{-\dfrac{1}{4}}{s} + \dfrac{\dfrac{7}{8}}{s - 2} - \dfrac{\dfrac{1}{4}}{s + 2}\right\} = -\dfrac{1}{4} + \dfrac{7}{8}e^{2t} + \dfrac{3}{8}e^{-2t}.$

Pour trouver z(t) nous devons décomposer en fractions partielles

$-\dfrac{s^3 + 4s^2 + 4}{s^2((s^2 - 4))} = \dfrac{A}{s} + \dfrac{B}{s^2} + \dfrac{C}{s - 2} + \dfrac{D}{s + 2}$

$-s^3 - 4s^2 - 4 = As(s - 2)(s + 2) + B(s - 2)(s + 2) + Cs^2(s + 2) + Ds^2(s - 2)$

$s = 0$ donne $B = 1$,s=2 donne $C = -\dfrac{7}{4}$, s=-2 donne $D = \dfrac{3}{4}$

donc $-s^3 - 4s^2 - 4 = As(s - 2)(s + 2) + (s - 2)(s + 2) - \dfrac{7}{4}s^2(s + 2) + \dfrac{3}{4}s^2(s - 2).$

Pour trouver A prenons $s = 1$ donc $3A = 0$ et $A = 0$.

$z(t) = L^{-1}\{Z(s)\} = L^{-1}\left\{\dfrac{1}{s^2} - \dfrac{\dfrac{7}{4}}{s - 2} + \dfrac{\dfrac{3}{4}}{s + 2}\right\} = t - \dfrac{7}{4}e^{2t} + \dfrac{3}{4}e^{-2t}$

Rép: $y(t) = -\dfrac{1}{4} + \dfrac{7}{8}e^{2t} + \dfrac{3}{8}e^{-2t}$ et $z(t) = t - \dfrac{7}{4}e^{2t} + \dfrac{3}{4}e^{-2t}.$

Exercices de fin de chapitre V.

I) Trouver les solutions des équations différentielles suivantes, du second dégré par la transformée de Laplace.

1) $y'' + 2y' - 3y = 0$ avec $y(0) = 0$ $y'(0) = 4$

2) $y'' + 4y' = -8t$ avec $y(0) = 0$ $y'(0) = 0$

3) $y'' + 4y = 0$ avec $y(0) = 0$ $y'(0) = 1$

4) $y'' - y = 1$ avec $y(0) = -1$ $y'(0) = 1$

5) $y'' - 9y' = -18y$ avec $y(0) = 0$ $y'(0) = 0$

II) Trouver les solutions des équations différentielles avec fonctions Heaviside

1) $y'' + y = 2u_2(t-2)$ avec $y(0) = 0$ $y'(0) = 0$

2) $y'' - 4y = u_1(t)(t-1)$ avec $y(0) = 0$ $y'(0) = 0$

III) Trouver les solutions des équations différentielles avec fonction delta de Dirac.

1) $y'' - 2y - 3y = -\delta(t-1)$ avec $y(0) = y'(0) = 0$

2) $y'' - y' = \delta(t+12) - 2$ avec $y(0) = y'(0) = 0$

IV) Trouver la solution de l'équation différentielle suivante sachant que f(t) possède une transformée de Laplace $L\{f(t)\}$.

$y'' - 2y' + y = f(t)$ avec $y(0) = y'(0) = 0$

V) Trouver les solutions du système d'équations différentielles suivant.

$$z'' + y' = \cos(t)$$
$$y'' - z = \sin(t).$$

Correction des exercices de fin de chapitre

V

I)Trouver les solutions des équations différentielles suivantes, du second dégré par la transformée de Laplace.

1)$y'' + 2y' - 3y = 0$ avec y(0)=0   y'(0)=4

$(s^2 Y(s) - 0s - 4) + 2(sY(s) - 0) - 3Y(s) = 0$

$(s^2 + 2s - 3)Y(s) = 4 \rightarrow Y(s) = \dfrac{4}{(s-1)(s+3)}$

$\dfrac{4}{(s-1)(s+3)} = -\dfrac{1}{(s+3)} + \dfrac{1}{(s-1)}$

donc $y(t) = L^{-1}\left\{-\dfrac{1}{(s+3)} + \dfrac{1}{(s-1)}\right\} = -e^{-3t} + e^{t}$

2)$y'' + 4y' = -8t$ avec y(0)=0 y'(0)=0.

$s^2 Y(s) + 4sY(s) = \dfrac{-8}{s^2} \rightarrow Y(s)s(s+4) = \dfrac{-8}{s^2}$

$Y(s) = \dfrac{-8}{s^3(s+4)}$ et $\dfrac{-8}{s^3(s+4)} = \dfrac{A}{s} + \dfrac{B}{s^2} + \dfrac{C}{s^3} + \dfrac{D}{(s+4)}$ ou

$-8 = As^2(s+4) + Bs(s+4) + c(s+4) + Ds^3$

$s = 0 \rightarrow C = 2$ s=-4 $\rightarrow$ D=$\dfrac{1}{8}$ donc -8=$As^2(s+4) + Bs(s+4) - 2(s+4) + \dfrac{1}{8}s^3$

et pour s=1 $\rightarrow$ A+B=$\dfrac{3}{8}$ et s=-1 $\rightarrow$ A-B=-$\dfrac{5}{8}$ on déduit que $A = -\dfrac{1}{8}$ et B=$\dfrac{1}{2}$

$Y(s) = \dfrac{-\dfrac{1}{8}}{s} + \dfrac{\dfrac{1}{2}}{s^2} + \dfrac{2}{s^3} + \dfrac{\dfrac{1}{8}}{(s+4)}$ alors $y(t) = -\dfrac{1}{8} + \dfrac{1}{2}t + t^2 + \dfrac{1}{8}e^{-4t}$.

3)y″+4y=0   avec y(0)=0 y′(0)=1

$s^2 Y(s) - 1 + 4Y(s) = 0$ car $L\{0\}=0$

$(s^2 + 4)Y(s) = 1 \rightarrow Y(s) = \dfrac{1}{(s^2 + 4)}$ donc la solution est donnée par

y(t)=$\dfrac{1}{2}\sin(2t)$.

4)$y'' - y = 1$ avec y(0)=1 y′(0)=0

$s^2 Y(s) - s - Y(s) = \dfrac{1}{s} \rightarrow Y(s) = \dfrac{s^2 + 1}{s(s^2 - 1)}$

$\dfrac{s^2 + 1}{s(s^2 - 1)} = \dfrac{A}{s} + \dfrac{B}{s-1} + \dfrac{C}{s+1}$

$s^2 + 1 = A(s-1)s+1) + Bs(s+1) + Cs(s-1)$. En donnant à s succesivement les valeurs
0 1 et -1 on trouve A=-1,B=1,C=1.

Alors $Y(s) = \dfrac{-1}{s} + \dfrac{1}{s-1} + \dfrac{1}{s+1}$ et $y(t) = -1 + e^t + e^{-t}$ est la solution de l'équation.

5)$y'' - 9y' = -18y$ avec y(0)=1 et y′(0)=1

$s^2 Y(s) - s - 1 - 9(sY(s) - 1) = -18Y(s)$

$(s^2 - 9s - 18)Y(s) = s - 8 \rightarrow Y(s) = \dfrac{s-8}{(s-3)(s-6)}$

$\dfrac{s-8}{(s-3)(s-6)} = \dfrac{A}{s-3} + \dfrac{B}{s-6}$ ou de façon équivalente :

$s - 8 = A(s-6) + B(s-3)$

$s = 3 \rightarrow A = \dfrac{5}{3}$ s=6 $\rightarrow$ B=-$\dfrac{2}{3}$ alors $\dfrac{s-8}{(s-3)(s-6)} = \dfrac{\tfrac{5}{3}}{(s-3)} - \dfrac{\tfrac{2}{3}}{(s-6)}$.

La solution de cette équation est donc y(t)=$\dfrac{5}{3}e^{3t} - \dfrac{2}{3}e^{6t}$.

II) Trouver les solutions des équations différentielles avec fonctions Heaviside

1) $y'' + y = 2u(t-2)$ avec y(0)=0 y'(0)=0

$$s^2 Y(s) + Y(s) = 2\frac{e^{-2s}}{s}$$

donc $Y(s) = 2\dfrac{e^{-2s}}{s(s^2+1)} = 2e^{-2s}\dfrac{1}{s(s^2+1)}$

$\dfrac{1}{s(s^2+1)} = \dfrac{A}{s} + \dfrac{Bs+C}{(s^2+1)}$ ou $1 = (A+B)s^2 + Cs + A$

En comparant les coéfficients de s on trouve

$A=1, B=-1$ et $C=0$ et donc : $\dfrac{1}{s(s^2+1)} = \dfrac{1}{s} - \dfrac{s}{(s^2+1)}$

$Y(s) = 2e^{-2s}\dfrac{1}{s(s^2+1)} = 2e^{-2s}(\dfrac{1}{s} - \dfrac{s}{(s^2+1)})$ ce qui donne pour solution:

$y(t) = 2u(t-2)(1 - \cos(t-2))$

2) $y'' - 4y = u(t-1)t$ avec y(0)=0 y'(0)=0

$y'' - 4y = u(t-1)[(t-1)+1] = u(t-1)(t-1) + u(t-1)(1)$

$(s-2)(s+2)Y(s) = e^{-s}\dfrac{1}{s^2} + e^{-s}\dfrac{1}{s} = e^{-s}(\dfrac{1}{s^2} + \dfrac{1}{s})$

et $Y(s) = e^{-s}(\dfrac{1}{s^2(s-2)(s+2)} + \dfrac{1}{s(s-2)(s+2)})$. On a deux décompositions

en fractions partielles:

1) $\dfrac{1}{s^2(s-2)(s+2)} = \dfrac{As+B}{s^2} + \dfrac{C}{s-2} + \dfrac{D}{s+2}$

$1 = (As+B)(s-2)(s+2) + Cs^2(s+2) + Ds^2(s-2)$

$s=0 \to B = -\dfrac{1}{4}$ s=2 $\to C = \dfrac{1}{16}$ s=-2 $\to D = -\dfrac{1}{16}$

donc $1 = (As - \dfrac{1}{4})(s-2)(s+2) + \dfrac{1}{16}s^2(s+2) - \dfrac{1}{16}s^2(s-2)$

Pour trouver A remplaçons s par 1 on trouve $A = 0$ donc

$\dfrac{1}{s^2(s-2)(s+2)} = \dfrac{-\dfrac{1}{4}}{s^2} + \dfrac{\dfrac{1}{16}}{(s-2)} - \dfrac{\dfrac{1}{16}}{(s+2)}$.

2) $\dfrac{1}{s(s-2)(s+2)} = \dfrac{-\dfrac{1}{4}}{s} + \dfrac{\dfrac{1}{8}}{(s-2)} + \dfrac{\dfrac{1}{8}}{(s+2)}$.

On déduit que $Y(s) = e^{-s}(\dfrac{-\dfrac{1}{4}}{s^2} + \dfrac{-\dfrac{1}{4}}{s} + \dfrac{\dfrac{3}{16}}{(s-2)} + \dfrac{\dfrac{1}{16}}{(s+2)})$. La solution qui correspond

donc à cette transformée de Laplace est : $y(t) = u(t-1)(-\dfrac{1}{4} + -\dfrac{1}{4}(t-1) + \dfrac{3}{16}e^{2(t-1)} + \dfrac{1}{16}e^{-2(t-1)})$

III) Trouver les solutions des *équations différentielles* avec fonction delta de Dirac.

1) $y'' - 2y - 3y = -\delta(t-1)$ avec y(0)=y'(0)=0

2) y''-y'=$\delta(t+12) - 2$ avec y(0)=y'(0)=0

1) $y'' - 2y - 3y = -\delta(t-1)$ donc $s^2 Y(s) - 2sY(s) - 3Y(s) = -e^{-s}$

et donc après simplification $Y(s) = \dfrac{-e^{-s}}{(s-3)(s+1)}$

$Y(s) = -e^{-s}(\dfrac{1}{4(s-3)} - \dfrac{1}{4(s+1)})$ et on déduit que:

$y(t) = L^{-1} \left\{ -e^{-s}\dfrac{1}{4(s-3)} + e^{-s}\dfrac{1}{4(s+1)} \right\}$ d'où $y(t) = -u(t-1)(\dfrac{1}{4}e^{3(t-1)} - \dfrac{1}{4}e^{-(t-1)})$

2) y''-y'=$\delta(t+12) - 2$ avec y(0)=y'(0)=0

$s^2 Y(s) - sY(s) = e^{-12s} - \dfrac{2}{s}$ alors $Y(s) = \dfrac{e^{-12s}}{s(s-1)} - \dfrac{2}{s^2(s-1)}$ donc

$Y(s) = e^{-12s}F(s) + G(s)$, on a alors $F(s) = \dfrac{1}{s(s-1)} = \dfrac{1}{s-1} - \dfrac{1}{s}$ et on déduit que $f(t)=e^t - 1$.

$G(s) = -\dfrac{2}{s^2(s-1)} = \dfrac{2s+2}{s^2} - \dfrac{2}{s-1} = \dfrac{2}{s} + \dfrac{2}{s^2} - \dfrac{2}{s-1}$ alors g(t)=2+2t-2e^t.

Le fait que $Y(s) = e^{-12s}F(s) + G(s)$ entraîne que la solution de l'équation est donnée par

$y(t) = u(t-12)(e^{(t-12)} - 1) + 2+2t-2e^t$

IV) Trouver la solution de l'équation différentielle suivante sachant que $f(t)$ possède une transformée de Laplace.

$y'' - 2y' + y = f(t)$ avec $y(0)=y'(0)=0$

$s^2 Y(s) - 2sY(s) + Y(s) = L\{f(t)\}$ avec $F(s) = L\{f(t)\}$

$(s-1)^2 Y(s) = F(s)$

$Y(s) = \dfrac{F(s)}{(s-1)^2} = F(s)\dfrac{1}{(s-1)^2}$ mais comme $L^{-1}(F(s)) = f(t)$ et $L^{-1}\left\{\dfrac{1}{(s-1)^2}\right\} = te^t$

Par le théorème de convolution $L^{-1}\{Y(s)\} = f(t)*te^t$ donc

$y(t) = \displaystyle\int_o^t f(t-x)xe^x dx.$

V) Trouver les solutions du système d'équations différentielles suivantes :

$z'' + y' = \cos(t)$

$y'' - z = \sin(t).$

$avec$ z(0)=-1 z'(0)=-1 y(0)=1 y'(0)=0

$[s^2 Z(s) + s + 1] + [sY(s) - 1] = \dfrac{s}{s^2+1} \rightarrow s^2 Z(s) + sY(s) = \dfrac{s}{s^2+1} - s = -\dfrac{s^3}{s^2+1}$

$s^2 Y(s) - s - Z(s) = \dfrac{1}{s^2+1} \rightarrow -Z(s) + s^2 Y(s) = s + \dfrac{1}{s^2+1} = \dfrac{s^3 + s + 1}{s^2+1}$

on donc établi les système équivalent :

$s^2 Z(s) + sY(s) = -\dfrac{s^3}{s^2+1}$

$-Z(s) + s^2 Y(s) = \dfrac{s^3 + s + 1}{s^2+1}$

multiplions par s^2 *la* deuxième équation pour éliminer Z(s) entre les deux équations

$s^2 Z(s) + sY(s) = -\dfrac{s^3}{s^2+1}$

$-s^2 Z(s) + s^4 Y(s) = \dfrac{s^5 + s^3 + s^2}{s^2+1}$

$s(s^3 + 1)Y(s) = \dfrac{s^5 + s^3 + s^2}{s^2+1} - \dfrac{s^3}{s^2+1} = \dfrac{s^2(s^3+1)}{s^2+1}$

$Y(s) = \dfrac{s}{s^2+1}$. De la deuxième équation on déduit que $Z(s) = s^2 Y(s) - \dfrac{s^3 + s + 1}{s^2+1}$

donc $Z(s) = -\dfrac{s+1}{s^2+1}$.

$y(t) = L^{-1}\{Y(s)\} = L^{-1}\left\{\dfrac{s}{s^2+1}\right\} = \cos(t)$

$z(t) = L^{-1}\{Z(s)\} = -L^{-1}\left\{\dfrac{s}{s^2+1} + \dfrac{1}{s^2+1}\right\} = -\cos(t) - \sin(t)$

Rép:y(t)=cos(t) et z(t)= $-\cos(t) - \sin(t)$

www.ingramcontent.com/pod-product-compliance
Lightning Source LLC
Chambersburg PA
CBHW021057210326
41598CB00016B/1232